Elmostafa Gagou

Micorrizas: O futuro da agricultura no oásis de Figuig

Elmostafa Gagou

Micorrizas: O futuro da agricultura no oásis de Figuig

O surgimento de uma nova revolução verde

ScienciaScripts

Imprint

Cover image: www.ingimage.com

This book is a translation from the original published under ISBN 978-620-6-72756-9.

Publisher:
Sciencia Scripts
is a trademark of
Dodo Books Indian Ocean Ltd. and OmniScriptum S.R.L publishing group

120 High Road, East Finchley, London, N2 9ED, United Kingdom
Str. Armeneasca 28/1, office 1, Chisinau MD-2012, Republic of Moldova, Europe
Printed at: see last page
ISBN: 978-620-8-34883-0

ÍNDICE DE CONTEÚDOS

INTRODUÇÃO GERAL

Devido aos efeitos cumulativos das alterações climáticas, os oásis de tamareiras (Phoenix dactylifera L.) no Norte de África enfrentam grandes desafios que ameaçam a sua sustentabilidade [1] e provocam a salinização do solo [2]. Apesar destes obstáculos, a tamareira continua a ter uma importância económica, ecológica e social considerável na região. É uma fonte de rendimento crucial para os produtores de oásis [3] e cria um microclima favorável à agricultura em regiões áridas [4]. A tamareira é um produto frutícola de importância mundial, nomeadamente devido à sua capacidade de atenuar o aquecimento global e de absorver o dióxido de carbono mais eficazmente do que outras árvores [5]. Além disso, as tâmaras, o fruto da tamareira, são consideradas um alimento ideal, fornecendo uma vasta gama de nutrientes essenciais e muitos benefícios potenciais para a saúde [6,7]. Em Marrocos, uma área de 59 600 ha é dedicada à cultura da tamareira, que se encontra em treze províncias do sul e sudeste. Figuig, Errachidia, Tinghir, Ouarzazate, Tata, Zagora e Guelmim representam 98% do palmeiral marroquino. O oásis de Figuig, situado na fronteira entre Marrocos e a Argélia, faz parte da região oriental de Marrocos. O seu palmeiral cobre uma superfície de cerca de 1.200 hectares, com cerca de 260.000 tamareiras de dez variedades diferentes [8]. Infelizmente, as palmeiras do oásis de Figuig são vulneráveis ao "Bayoud", uma doença causada por um fungo de origem telúrica, o Fusarium oxysporum f.sp. albedinis [9]. Todos os anos, esta doença dizima 4,3% da população de tamareiras do oásis [10]. A luta contra o Bayoud baseia-se, em grande medida, em medidas de quarentena. A desinfeção do solo é dispendiosa e difícil, e o controlo químico só é possível se a infeção for detectada precocemente numa área saudável. Estão também a ser estudados métodos de controlo genético, incluindo a seleção de cultivares resistentes a partir de populações naturais de tamareiras [11-13]. Apesar dos muitos programas de reabilitação lançados para remediar a situação crítica dos palmeirais [14,15] , estas iniciativas permanecem incompletas, uma vez que qualquer programa de recuperação de ecossistemas deve incorporar componentes de diferentes níveis do ecossistema, em particular microrganismos do solo que estão intimamente ligados às plantas. A utilização de microrganismos simbióticos, como os fungos micorrízicos arbusculares (FMA), melhorou frequentemente o crescimento e a tolerância das culturas sob várias pressões [16-18].

Como agentes simbióticos multifuncionais, estes microrganismos desempenham um papel crucial na melhoria de vários aspectos do desempenho das plantas. De acordo com estudos, os MCA facilitam a absorção de nutrientes e água pelas plantas, melhorando assim o seu crescimento [19-21]. Podem também melhorar a fertilidade do solo [22] e aumentar a tolerância da planta hospedeira à seca e à salinidade [17,23].

Consequentemente, a escolha dos CMAs apropriados que aumentam a resiliência das plantas é crucial para o sucesso da reabilitação de terras. Foi demonstrado que as CMAs nativas de um solo específico têm um melhor desempenho do que as CMAs exógenas, como demonstrado por Estrada et al. (2013) [24]. Assim, é essencial analisar a capacidade micorrizogénica dos solos rizosféricos do palmeiral de Figuig em correlação com as caraterísticas edáficas, com vista à potencial exploração dos seus recursos de AMC. É igualmente importante estudar a diversidade de MACs no oásis, desenvolver uma coleção local de estirpes micorrízicas e criar uma unidade de produção de inóculos com vista à sua utilização biotecnológica para melhorar a saúde das palmeiras e dos solos em que crescem. A simbiose entre MACs e plantas terrestres é uma associação comum, afectando 70-90% das espécies vegetais [25]. No passado, a taxonomia destes fungos baseava-se principalmente na morfologia dos esporos. As famílias e os géneros eram distinguidos com base nos diferentes modos de formação dos esporos, enquanto as espécies eram diferenciadas por caraterísticas específicas dos esporos, como a cor, o tamanho, as estruturas subcelulares e as propriedades fenotípicas e histoquímicas dos componentes da parede dos esporos [26-28] . Atualmente, a filogenética molecular baseada em sequências de ADN ribossómico é o único método para identificar as diferentes espécies de MAC. Embora o filo Glomeromycota seja considerado um pequeno grupo de cerca de 250 espécies com base em critérios morfológicos [27,29] , é evidente que estes fungos não têm especificidade de hospedeiro, embora algumas espécies possam ser especialistas, existindo apenas em determinados ecossistemas e apenas com plantas adaptadas a esses ambientes: Avaliar o perfil micorrízico de solos rizosféricos de tamareiras cultivadas no oásis de Figuig em correlação com parâmetros edáficos.Melhorar o nosso conhecimento sobre a biodiversidade do oásis de Figuig, identificando (morfologicamente) as estirpes de CMA isoladas da rizosfera de tamareiras no oásis de Figuig e estabelecendo depois uma coleção de referência.

CAPÍTULO 1

O PALMEIRAL DA FIGUEIRA

O palmeiral de Figuig situa-se no extremo sudeste de Marrocos, mais precisamente na região Oriental, diretamente adjacente à fronteira com a Argélia (Figura 1). A zona caracteriza-se pela sua posição estratégica na junção do Alto Atlas Oriental e do Atlas Saariano, o que a torna num dos oásis continentais do pré-Saara. Topograficamente, o palmeiral estende-se por duas zonas claramente diferenciadas: um planalto a norte e uma planície a sul, separadas por uma escarpa denominada jorf, com cerca de 30 metros de altura. O clima de Figuig pode ser descrito como mediterrânico árido. A temperatura média anual na região é de 20°C [30]. Nesta média estão incluídas grandes variações sazonais e amplitudes diárias. A precipitação média anual em Figuig é de 122 mm, e o período de chuvas vai de outubro a janeiro. Há cerca de 20 a 30 dias de chuva por ano. Os principais recursos hidrológicos do oásis são as águas subterrâneas e os wadis. As terras já não são utilizadas para fins agrícolas com a mesma intensidade de antigamente, e há várias razões para esta mudança e redução da utilização, tais como a diminuição do número de nascentes e da sua capacidade, o aumento da salinidade das águas subterrâneas e a fusariose vascular (Bayoud) das tamareiras [10,31].

1. Fusarium head blight das tamareiras: a principal ameaça para a fenicultura em Marrocos :

Uma outra ameaça importante para a biodiversidade das tamareiras é o aparecimento, desde há cerca de cem anos, de uma doença telúrica da família das traqueomicose, a fusariose vascular, ou Fusarium head blight, vulgarmente conhecida por "Bayoud", causada pelo fungo Fusarium oxysporum f. sp. albedinis (Foa) [32] . Esta doença já causou perdas substanciais (figura 2).

Estima-se que mais de dois terços das palmeiras desapareceram desde o aparecimento da doença. Além disso, as variedades mais susceptíveis são as cultivares de boa qualidade de tâmara [33].

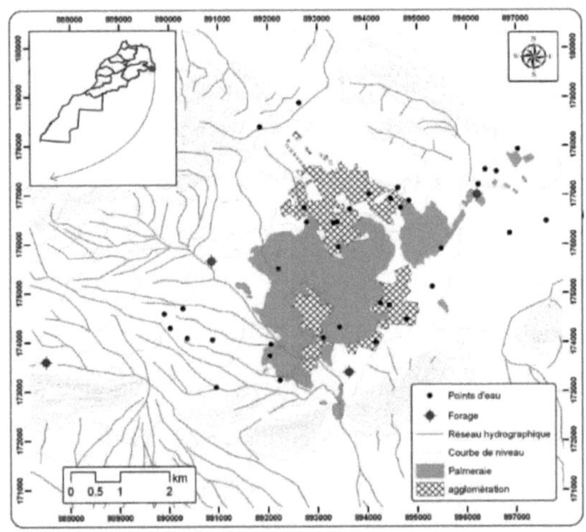

Figura 1: Localização geográfica do oásis de Figuig (De Jilali.A, 2015)[56].

A Foa desenvolve-se no interior do xilema dos vasos condutores das palmeiras [33,34]. Entra no seu hospedeiro através das raízes e permanece presente no solo durante muitos anos (até 8 anos) graças ao desenvolvimento de clamidósporos particularmente resistentes [33]. Estes permanecem presos nos tecidos mortos das tamareiras infectadas até se decomporem e serem libertados. Também podem permanecer dentro de portadores saudáveis, como a hena, a luzerna ou o trevo [35]. É necessário um número muito limitado de esporos para causar a doença, e estes foram encontrados a profundidades até 1 m. Isto torna a aplicação de fungicidas particularmente ineficaz, pois é pouco provável que atinjam esta profundidade em quantidades suficientes. Isto torna a aplicação de fungicidas particularmente ineficaz, uma vez que é pouco provável que atinjam esta profundidade em quantidade suficiente [33]. Além disso, esta prática é altamente incompatível com o ecossistema dos oásis e o seu frágil equilíbrio

[36].

Figura 2: Tamareira atacada por Fusarium head blight. As palmeiras apresentam os sintomas caraterísticos da doença, como a murchidão e a secagem progressiva.

Os sintomas são tanto internos como externos, embora seja naturalmente este último tipo que se manifesta em primeiro lugar.

▪ **Sintomas externos**

• O primeiro destes sintomas é discreto; aparece numa palma da coroa média, que adquire uma tonalidade de chumbo.

• Os folíolos desta folha dobram-se progressivamente para um só lado e depois os sintomas espalham-se para o lado oposto. Os folíolos tornam-se brancos desde a sua parte basal até à sua extremidade distal (figura 3).

• A palma seca completamente e acaba por ficar pendurada no estipe.

• Os mesmos sintomas afectam as palmeiras vizinhas.

• As palmeiras infectadas podem morrer dentro de algumas semanas a alguns meses após a infeção, dependendo da variedade e das práticas de cultivo. Isto ocorre quando o fungo parasita atinge o botão terminal da palmeira.

• Ao nível das raízes, a infeção é muito localizada. Apenas um pequeno número de raízes adquire uma cor castanho-avermelhada e os tecidos decompõem-se. Este é de facto o primeiro sintoma, mas geralmente só pode ser observado quando a árvore é desenraizada depois de morta [33].

Figura 3: Sintoma de Bayoud visível na metade de uma tamareira.

- **Sintomas internos**

Os sintomas internos podem ser observados através de cortes transversais e longitudinais nas várias partes infectadas da palmeira. Na base do estipe, correspondente ao pequeno número de raízes infectadas, existe um pequeno grupo de vasos cribro-vasculares que, juntamente com o parênquima e o esclerênquima circundantes, adquirem uma cor mogno ou mostarda. Em secções transversais, formam manchas de alguns centímetros quadrados, enquanto em secções longitudinais correspondem a manchas alongadas. Mais acima no estipe, os feixes condutores infectados dividem-se e é possível seguir o percurso de colonização das diferentes palmeiras afectadas pelo fungo parasita [37].

Até à data, não existe nenhum método curativo e as palmeiras infectadas são sistematicamente queimadas no local quando a doença é identificada [33]. O método de luta mais difundido consiste em favorecer a utilização de variedades resistentes em detrimento das variedades mais susceptíveis, que se perdem progressivamente [38]. Vários estudos já identificaram cultivares resistentes, como Bousthammi-noire, Tadment, Boukhanni e Bousthammi-blanche, variedades estritamente resistentes à doença [38,39]. Recentemente, foi demonstrado que a utilização de composto feito a partir de resíduos orgânicos de tamareiras no meio de crescimento reduziu a mortalidade de plântulas expostas à

Foa [36]. Esta observação pode ser explicada, por um lado, pelo facto de o composto conter uma flora microbiana altamente diversificada que compete com Foa e tem vários microrganismos que são antagónicos a Foa e, por outro lado, pela presença de substâncias lignocelulósicas derivadas da decomposição de resíduos orgânicos de tamareiras [36]. No entanto, o determinismo genético da resistência ainda não foi explicado [38].

2. A seca

Apesar da adaptação das tamareiras aos climas áridos, as secas são uma ameaça real para os palmeirais. Estas condições extremas podem causar danos consideráveis e mesmo levar ao desaparecimento total dos palmeirais. Nos anos 80, período marcado por uma seca particularmente intensa, Marrocos registou a perda de nada menos que 350 000 plantas [40]. Este período de fraca pluviosidade teve consequências desastrosas para os recursos hídricos, afectando gravemente os aquíferos e, por conseguinte, a saúde dos palmeirais. Para além das perdas, embora estas secas tenham um impacto económico considerável, provocam também uma perda de biodiversidade varietal. Certas variedades menos resistentes à falta de água são o resultado de milénios de seleção pelos criadores de plantas e representam um reservatório de variabilidade genética essencial para futuros melhoramentos [40]. A preservação desta diversidade varietal é, por conseguinte, crucial. Tanto mais que a intensidade e a frequência das secas são susceptíveis de se agravar nos próximos anos, devido ao aquecimento global [41,42]. Estas perspectivas sublinham a necessidade urgente de desenvolver estratégias de adaptação e conservação para proteger estes ecossistemas vitais e as economias que deles dependem.

3. A salinidade da água de irrigação

Muitos países, particularmente os localizados em regiões áridas e semi-áridas, enfrentam a salinização dos solos (Figura 4) e dos recursos hídricos [43]. A água natural utilizada para irrigação contém inevitavelmente sais minerais solubilizados, que são produzidos pela interação da água com os materiais rochosos ou depósitos sólidos através dos quais passa. Os iões mais frequentemente encontrados nestas soluções naturais incluem cloretos, sulfatos e bicarbonatos de cálcio, magnésio e sódio. A qualidade e a adequação da água de irrigação são determinadas pela concentração e composição particular destes sais minerais [44].

As regiões do Sara são irrigadas principalmente por águas subterrâneas provenientes de aquíferos com um elevado teor de sal. Os teores de resíduos secos são frequentemente superiores a 4 a 5 g/l, podendo por vezes ser três vezes superiores [45]. No entanto, é de salientar que, em determinadas situações, o teor de sal da água do Sara pode ser tão baixo como 0,5 g/l, o que pode ser considerado adequado para consumo humano. Concentrações de sal até 2 g/l classificam a água como sendo de excelente qualidade para irrigação. No entanto, a água com uma salinidade entre 2 e 5 g/l é considerada salgada, e a água com uma concentração superior a 5 g/l é classificada como muito salgada [46]. O limiar de tolerância à salinidade da água de irrigação é geralmente fixado em 3 dS/m, o que corresponde aproximadamente a 2 g/l [47]. No entanto, a elevada evapotranspiração associada a condições de seca significa que mesmo esta concentração de sais pode causar problemas significativos para as plantas, particularmente aquelas cultivadas em solos de textura fina ou sob irrigação intermitente [48]. No que respeita à composição iónica das águas do Sara, o sódio predomina frequentemente, representando geralmente metade do total de catiões [46]. Quanto aos aniões, os cloretos e os sulfatos são os mais comuns.

Figura 4: Crostas salinas no palmeiral de Touteline (Província de Tata) - Estudo do CNEARC, ALCESDAM, DPA (2004)

4. Deterioração do solo do oásis

Em geral, os solos das regiões áridas caracterizam-se pela falta de água, baixa fertilidade, textura arenosa e camadas de acumulação ricas em sais, calcário e gesso. A deterioração dos solos nas zonas de oásis representa uma ameaça significativa para a sustentabilidade destes ecossistemas. Os impactos desta queda de produtividade, amplificados pelas alterações climáticas, o aumento das temperaturas e os fenómenos meteorológicos extremos, comprometem seriamente o futuro da agricultura e a estabilidade ambiental nestas zonas [49]. Além disso, a degradação dos solos dos oásis está a conduzir a uma redução da biodiversidade, perturbando a atividade da fauna, da microfauna e do microbiota do solo. Estas perturbações têm um impacto importante no ambiente, favorecendo as secas, os incêndios, a desertificação e a salinização [49,50]. A degradação também afecta negativamente o metabolismo dos microrganismos e das plantas, destruindo certas camadas da cadeia alimentar primária do solo [50]. A degradação dos solos dos oásis afecta a biodiversidade de várias formas:

- **Perda da biodiversidade do solo**: A degradação do solo, causada por factores como a agricultura intensiva, a desflorestação e o sobrepastoreio, conduz a uma perda da biodiversidade do solo. Este facto é prejudicial para a fertilidade dos ecossistemas e a produção agrícola [49,51].

- **Alteração dos ecossistemas de superfície**: A degradação do solo afecta os ecossistemas de superfície, alterando os níveis de decomposição e a retenção de nutrientes, e conduzindo a uma redução do coberto vegetal [51].

- **Impacto na fauna e na microfauna**: erosão, compactação do solo, redução da matéria orgânica, salinidade e poluição. perturbam a atividade da fauna, da microfauna e das bactérias do solo, conduzindo a uma perda de diversidade biológica [49].

- **Problemas de qualidade da água**: A degradação física e química dos solos, como a erosão e a poluição, também afecta a qualidade da água, nomeadamente em termos de carga sólida e de poluição por pesticidas [49].

Para reduzir a degradação dos solos e preservar a biodiversidade, é fundamental a adoção de práticas agrícolas respeitadoras do ambiente, como a agricultura biológica. Estes métodos sustentáveis são essenciais não só para preservar a biodiversidade do solo, mas também para responder eficazmente aos actuais desafios ambientais. Esta abordagem poderia também realçar o papel potencial dos fungos micorrízicos arbusculares na resiliência dos solos dos oásis, ajudando a integrar as questões dos oásis nas políticas sectoriais nacionais [52].

5. O oásis de Figuig

O oásis de Figuig enfrenta uma degradação significativa do solo, intensificada por uma combinação de factores. Estes factores incluem a exploração irracional dos recursos hídricos, a adoção de práticas agrícolas inadequadas e condições ambientais difíceis. Além disso, a concentração da população local em torno dos oásis e uma economia fortemente dependente da agricultura tradicional, que é vulnerável às flutuações na disponibilidade de água, amplificaram esta deterioração. É igualmente essencial atenuar a degradação dos solos e revitalizar os sistemas de oásis. Estas acções são cruciais não só para preservar a biodiversidade agrícola da região, mas também para melhorar a segurança alimentar [49,52,53]. As principais causas da degradação do solo no oásis de Figuig incluem :

• **Escassez e qualidade da água:** Em zonas desérticas como o oásis de Figuig, a escassez persistente de água e a deterioração da sua qualidade colocam sérios desafios. Estes problemas dificultam a irrigação e contribuem para a salinização do solo [52,54].

• **Práticas de cultivo inadequadas:** A irrigação excessiva, nomeadamente de tamareiras, agravou a salinização e a degradação dos solos. Estes efeitos são intensificados pelo impacto da irrigação nos lençóis freáticos pouco profundos [52].

• **Condições ambientais difíceis e baixa fertilidade do solo:** Os ecossistemas de oásis de Figuig enfrentam condições ambientais difíceis e uma fertilidade do solo naturalmente baixa, o que contribui para a sua degradação atual [49,50,52].

Perante estes desafios, é fundamental apostar na gestão sustentável dos recursos hídricos, na adoção de práticas de irrigação adequadas e na aplicação de estratégias para melhorar a qualidade e a fertilidade dos solos, tendo em conta as condições ambientais específicas da região.

CAPÍTULO 2

COGUMELOS MICORRÍZICOS ARBUSCULARES

1. A importância dos fungos nos ecossistemas

A maioria das entidades biológicas na matriz do solo são microrganismos, que representam uma proporção significativa da diversidade genética da Terra. Devido à sua grande diversidade e presença generalizada, os fungos desempenham um papel essencial nos ecossistemas terrestres. Estima-se que um grama de solo pode albergar entre 1010 e 1011 fungos [55], entre 6000 e 50 000 espécies bacterianas distintas [56] e conter até 200 metros de hifas de fungos [57]. O papel fundamental atribuído aos fungos deve-se à influência que podem ter nos processos químicos que regem os ecossistemas, como o fornecimento de nutrientes essenciais para as plantas [25], bem como nos principais ciclos geoquímicos, nomeadamente o ciclo do azoto [58] e o ciclo do carbono [59].

6. Informações gerais sobre os cogumelos

2.1 Posição filogenética dos fungos

Devido às suas caraterísticas morfológicas comuns, os fungos foram anteriormente agrupados no reino das plantas. O reino dos fungos, também conhecido como Mycota, data de 1969 [60]. Baseava-se em caraterísticas específicas, como a ausência de clorofila ou de amido. O nome atual desta associação, "Fungi", deriva do termo latino "Fungus", que significa "fungo" [61]. Utilizando abordagens de classificação estrutural e métodos moleculares, foi sugerido que os fungos partilham provavelmente um antepassado comum com o reino animal [62]. No entanto, estes dois reinos foram finalmente reconhecidos como irmãos [63,64]. Os fungos, tal como os animais, estão incluídos no grupo Opisthocontes do Império dos Eucariotas [64].

2.2 Caraterísticas dos cogumelos

Os fungos são organismos eucarióticos que podem existir como entidades unicelulares ou multicelulares. São reconhecidos pelas suas paredes celulares, que são compostas por polissacáridos, hemicelulose e quitina [65]. Os fungos são incapazes de realizar fotossíntese devido à ausência de clorofila e plastídeos. Os órgãos vegetativos dos fungos são chamados de hifas e são compostos de talo. Estas hifas podem ou não ser septadas e facilitam o processo de absorção de nutrientes por osmose. Os fungos têm um ciclo de vida sexual ou assexual. Atualmente, existem cerca de 99.000 espécies classificadas no reino dos fungos, mas as estimativas sugerem que podem existir até cinco milhões de espécies de fungos [66]. Estas espécies estão classificadas em oito classes e uma sub-região (ver Figura 5). A sub-região Dikarya [67] engloba os filos Basidiomycota e Ascomycota, enquanto outros filos como Glomeromycota, "Zygomycetes", Chytridiomycota, Blastocladiomycota, Neocallimastigomycota, Microsporidia, Olpidium e Rozella também estão incluídos. No entanto, esta classificação ainda está a ser desenvolvida e discutida.

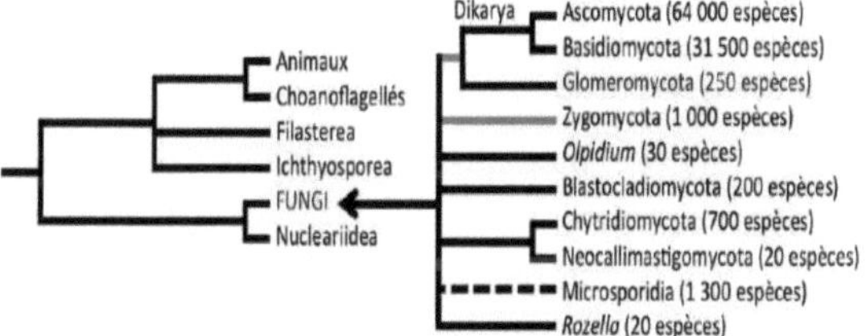

Figura 5: Filogenia revista de Opisthocontes de acordo com Keeling et al. (2009) e Blackwell et al. (2012) [87]: ramos cinzentos para monofilia incerta e linhas a tracejado para uma posição filogenética não confirmada.

2.3 Como vivem os cogumelos

Os fungos são considerados quimioheterotróficos, o que significa que retiram a sua energia das moléculas de carbono do ambiente, uma vez que não as podem criar. Têm diferentes métodos de nutrientes e, por conseguinte, diferentes estilos de vida. Esta variedade resulta do facto de serem comuns aos ecossistemas terrestres e aquáticos. Alguns fungos são considerados parasitas e provocam doenças por vezes mortais para o hospedeiro. Estes parasitas atacam plantas, fungos, algas, animais e mesmo o homem, como a aspergilose causada por um ascomiceto do género Aspergillus. Algumas espécies de fungos, como as do género Malassezia, são consideradas comensais, o que significa que beneficiam do seu hospedeiro sem ter um impacto negativo sobre ele, mas também são consideradas parasitas. Muitas espécies de fungos são saprotróficas, o que significa que se alimentam da degradação de material orgânico morto, como madeira, folhas e cadáveres. O fungo Tricholomopsis ornata degrada folhas mortas. Finalmente, o modo de vida mais recente observado nos fungos é a simbiose, que é uma relação duradoura com outro organismo. Este tipo de interação é criado pelos fungos com diferentes parceiros. Por exemplo, os líquenes são grupos simbióticos de fungos e fotoautótrofos, como as cianobactérias e as algas verdes [68]. As raízes das plantas e os fungos também podem formar esta simbiose mutualista. Neste caso, o simbionte é definido como uma micorriza.

2.4 As diferentes simbioses micorrízicas

Existem geralmente quatro tipos principais de micorrizas (Quadro 1): micorrizas arbusculares, ectomicorrizas, micorrizas de orquídeas e micorrizas ericoides [69].

Quadro 1: Caraterísticas dos principais tipos de simbiose micorrízica

Tipo	Estruturas formado	Plantas em causa	Cogumelos envolvidos	Repartição geográfica
Endomicorriza arbuscular (AM)	Arbúsculos e vesículas intracelulares	Briófitas, Pteridófitas, Gimnospérmicas e Angiospérmicas, cerca de 200.000 espécies	Glomeromycetes (Glomales)	Em todo o lado, especialmente nas regiões tropicais
Endomicorriza de orquídeas (ORM)	Feixes intracelulares	Orchidaceae, cerca de 25.000 espécies	Basidiomicetos (Rhizoctonias) e Ascomicetos (raramente)	Em todo o lado, em todos os biomas de orquídeas
Endomicorriza de ericáceas (ERM)	Feixes intracelulares	Ericaceae, cerca de 1 500 espécies	Ascomicetes (Helotiales)	Em todo o lado, em todos os biomas ericáceos
Ectomicorriza (ECM)	Raiz, manto e rede de Hartig espessados	Gimnospérmicas e Angiospérmicas, cerca de 10.000 espécies	Basidiomicetos e Ascomicetos	Nas regiões temperadas, onde é dominante

7. Fungos micorrízicos arbusculares

3.1 Introdução

Os fungos micorrízicos arbusculares (FMA) são fungos do solo distribuídos em todo o mundo, formando simbioses com cerca de 72% das plantas vasculares terrestres, incluindo a grande maioria das culturas agrícolas e hortícolas [70]. Estes fungos foram encontrados em fósseis de plantas que datam de há 460 milhões de anos, o que sugere o seu papel na colonização de ecossistemas terrestres por plantas aquáticas [71]. Estão atualmente classificados num filo monofilético, o Glomeromycota [72,73].

Na simbiose CMA (Figura 6), o fungo desenvolve um micélio intrarradical (IRM) no interior das raízes e um micélio extrarradicular (EMM) no solo. Estes dois componentes estão interligados para formar uma vasta rede micelial composta por inúmeras hifas coenocíticas, ou seja, sem separação em compartimentos [74], e contendo centenas de núcleos que partilham o mesmo citoplasma.

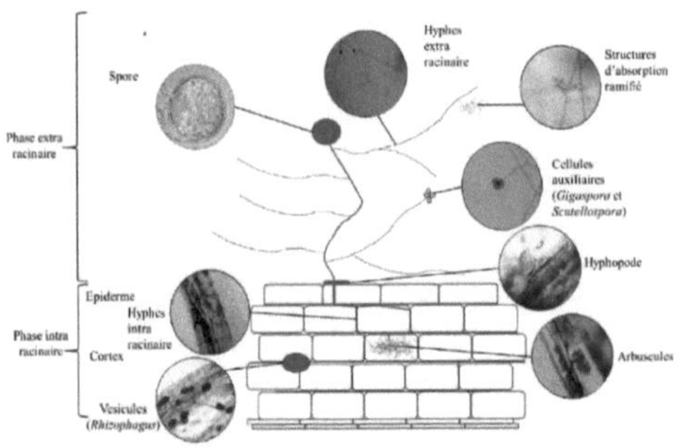

Figura 6: Estruturas dos fungos micorrízicos arbusculares

Nesta associação com as plantas, o fungo recebe compostos fotossintéticos, tais como lípidos e carbono, em troca de água e minerais, principalmente fósforo [25,75]. Esta simbiose resulta frequentemente numa melhoria da biomassa e do rendimento das plantas, bem como num aumento da sua resistência e tolerância aos stresses bióticos e abióticos.

3.2 Classificação dos fungos micorrízicos arbusculares

Estudos morfológicos e filogenéticos permitiram classificar todas as espécies micorrízicas arbusculares, pertencentes ao filo Glomeromycetes, como ilustrado na Figura 7 [76]. Até à data, existem quatro ordens principais de fungos micorrízicos: Glomerales, Paraglomerales, Archaeosporales e Diversisporales [73,77]. Os Glomeromycetes caracterizam-se por uma diversidade morfológica considerável, particularmente nos esporos, que variam consideravelmente em tamanho, cor e forma consoante a espécie. Existem atualmente cerca de 18 géneros e 250 espécies de Glomeromycetes. A sua classificação atual baseia-se principalmente no isolamento de espécies a partir de esporos. No entanto, a utilização de técnicas moleculares modernas, que permitem a extração de sequências genéticas de raízes ou do solo, facilita a identificação de espécies não esporogénicas ou difíceis de detetar. O número real de espécies pode, portanto, ser muito superior à estimativa atual [78].

3.3 Ciclo de vida, estruturas e funções da CMA

3.3.1 Ciclo de vida da CMA

As CMAs são simbiontes obrigatórias que dependem de um hospedeiro fotossintético para a sua sobrevivência e para completar o seu ciclo de vida. O ciclo de vida compreende três fases-chave: estabelecimento da simbiose, crescimento vegetativo e dispersão. A fase inicial de estabelecimento da simbiose começa com o reconhecimento do hospedeiro e o estabelecimento efetivo da simbiose (Figura 8).

Este reconhecimento envolve a ativação de propágulos no solo, levando à germinação espontânea de um esporo e à formação de hifas germinativas. Na ausência de reconhecimento do hospedeiro, a germinação pode abrandar ou parar, embora retenha recursos de carbono suficientes para uma nova germinação. O estabelecimento da simbiose requer uma comunicação efectiva entre os dois parceiros no solo.

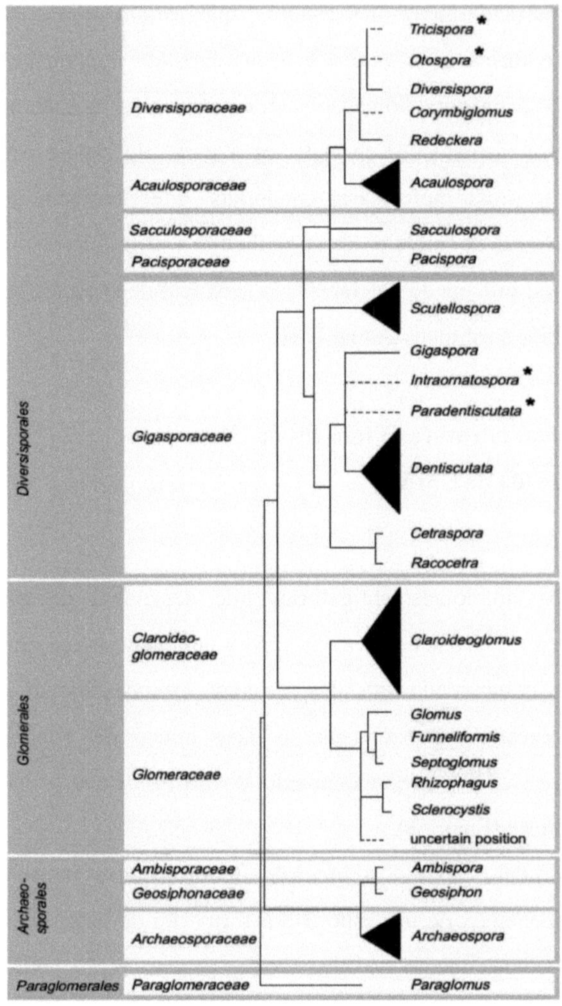

Figura 7: Classificação dos fungos micorrízicos arbusculares (segundo Redecker et al.al.,2013)[106]

A intensificação da formação de hifas germinativas resulta da troca de sinais moleculares. Em resposta aos exsudados radiculares, em particular às estrigolactonas segregadas por uma planta hospedeira [79,80], as hifas modificam a sua morfologia, adoptando um crescimento intensamente ramificado [81]. As hifas germinativas desenvolvem-se e, por ramificação, formam uma rede micelial pré-simbiótica dirigida para a raiz. Ao mesmo tempo, a CMA liberta factores "Myc" no solo, estimulando a ativação da via de sinalização da simbiose na planta [82], o que favorece a formação de mais raízes laterais [83,84]. Ao entrar em contacto com a raiz, o CMA forma um apressório, uma estrutura especializada no reconhecimento e na interação entre os dois parceiros, marcando o início da penetração do fungo na raiz. Durante a fase de estabelecimento da simbiose, o fungo desenvolve-se intraradicularmente, formando hifas intercelulares. Quando atinge as células corticais da raiz, cria estruturas muito ramificadas no interior das células: os arbúsculos. Estes arbúsculos, que dão o nome a este tipo de simbiose, são essenciais para a troca de nutrientes entre os dois organismos. A sua formação induz alterações morfológicas significativas na célula hospedeira, sem comprometer a sua integridade. O ciclo de vida do MAC prossegue com a fase vegetativa. Durante esta fase, o micélio desenvolve-se intensamente fora da raiz (extrarradicularmente). Alguns MAC formam também estruturas de armazenamento intrarradiculares, as vesículas, que podem estar localizadas no interior ou entre as células. Esta fase é marcada por um aumento da biomassa fúngica, graças à extensão da rede micelial, que explora o solo e pode potencialmente colonizar outras plantas. Esta fase consiste na formação de propágulos, principalmente esporos, que permitem a propagação e a perpetuação da espécie.

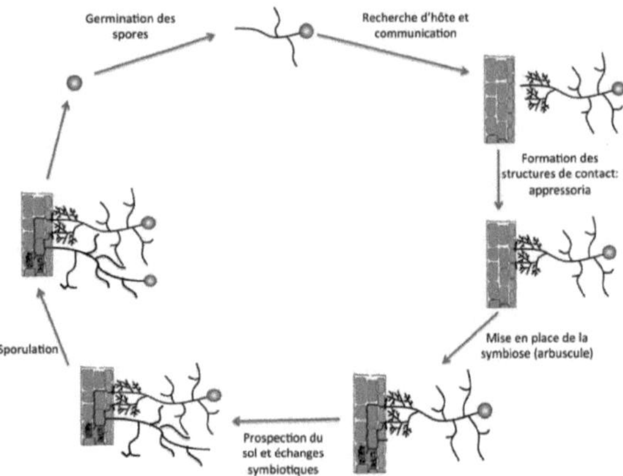

Figura 8: Diagrama do ciclo de vida de um CMA, (Adaptado de Besserer, 2008)[112].

CAPÍTULO 3

AVALIAÇÃO DO POTENCIAL MICORRÍZICO DOS SOLOS NA RIZOSFERA DE TAMAREIRAS (PHOENIX DACTYLIFERA L.) NO OÁSIS DE FIGUIG (SUDESTE DE MARROCOS)

1. Introdução

A tamareira (Phoenix dactylifera L.) é reconhecida como uma cultura frutícola essencial em todo o mundo, oferecendo benefícios ambientais e nutricionais distintos. Esta espécie arbórea desempenha um papel promissor na luta contra o aquecimento global, graças à sua capacidade efectiva de sequestrar dióxido de carbono, ultrapassando as capacidades de muitas outras árvores [85]. Além disso, o fruto (a tâmara) é rico em nutrientes essenciais, o que o torna uma escolha alimentar ideal, com benefícios potencialmente significativos para a saúde [7,86]. No Médio Oriente e no Norte de África, as tamareiras desempenham um papel essencial, não só do ponto de vista ecológico, mas também económico, pois são uma importante fonte de rendimento para os agricultores dos oásis [3]. Além disso, a cultura da tamareira favorece um microclima favorável, tornando a agricultura possível mesmo nas condições adversas do deserto [4]. Apesar da sua importância, os oásis de tamareiras enfrentam uma série de desafios que ameaçam a sua sustentabilidade. As alterações climáticas impuseram efeitos cumulativos e a salinização do solo, causada por factores como a limitação dos recursos hídricos, o aumento da salinidade da água de irrigação e a redução da drenagem das terras agrícolas, está a emergir como uma ameaça premente para estes oásis [1,87-90]. O oásis de Figuig, no sudeste de Marrocos, é um bom exemplo destes desafios. Esta região enfrenta grandes ameaças que afectam tanto a sua eficiência agrícola como a sua biodiversidade. A diminuição dos recursos hídricos, um problema agravado pelas alterações climáticas, e o aumento da salinidade dos solos colocam desafios consideráveis. A situação é ainda mais complicada pela presença da fusariose, uma doença causada pelo Fusarium oxysporum f. sp. albedinis (Foa) [39,91-93]. Perante estes desafios, e com o objetivo de mitigar os efeitos nocivos dos stresses bióticos e abióticos, é essencial orientar a investigação para abordagens alternativas, tais como a utilização de microrganismos do solo que possam promover o crescimento das tamareiras nestes ambientes frágeis. Entre estes microrganismos, os fungos micorrízicos arbusculares (FMA), que estabelecem uma simbiose com a maioria das plantas cultivadas na agricultura e na horticultura, são de particular interesse. Estes fungos oferecem numerosas vantagens para o crescimento e a saúde das plantas em ambientes stressantes [94,95]. Em condições áridas, por exemplo, as plantas colonizadas por CMAs mostraram maior tolerância à seca [96] e melhor acesso ao fósforo do que as plantas não micorrizadas [97]. As CMAs podem também melhorar a estabilidade dos agregados do solo [98], o que é crucial em solos arenosos propensos à erosão. Em ecossistemas desérticos extremos, as CMAs desempenham um papel fundamental no desenvolvimento da vegetação. Por exemplo, foi demonstrado que a inoculação com MACs melhora a absorção de água e nutrientes em suculentas do deserto [99]. Uma pesquisa realizada por Meddich.A et al (2015) [100] revelou o importante papel das CMAs nativas isoladas do palmeiral de Aoufous na tolerância das tamareiras ao défice hídrico e à fusariose. Estas CMAs também servem como bioindicadores, uma vez que as caraterísticas dos solos agrícolas podem ser determinadas com base nas suas comunidades de fungos micorrízicos. Apesar do seu interesse e importância, as CMA raramente são utilizadas nas explorações agrícolas, em parte devido à incompatibilidade da sua utilização. do isolado introduzido com as caraterísticas do solo local [101], levando ao desaparecimento do inóculo introduzido. Seria, portanto, sensato selecionar isolados autóctones adaptados aos condicionalismos do ambiente dos oásis marroquinos. De facto, a adaptação de inóculos MAC a condições ambientais específicas tem sido amplamente documentada [102-104]. Foi demonstrado que os MACs têm melhor desempenho quando as condições experimentais se assemelham mais às do seu ambiente nativo [104]. Por conseguinte, pode presumir-se que os MAC isolados de ecossistemas desérticos estão mais bem adaptados para fazer face às condições de stress prevalecentes e podem apresentar capacidades fisiológicas únicas.

Neste contexto, o objetivo do nosso trabalho foi estudar os solos do palmeiral de Figuig e avaliar o seu estado micorrízico, tendo em vista a sua utilização potencial. É essencial caraterizar os isolados de CMA adaptados aos ecossistemas das tamareiras, como condição prévia para futuros projectos de investigação fundamental e aplicada.

2. Locais de estudo e amostragem

O oásis de Figuig é constituído por vários ksour: Zenaga (ZG), Oudaghir (OD), Lamaiz (LZ), Ouled Slimane (OS), Laabidate (LB) e Elhammam (EH), que eram originalmente povoações separadas, mas que se fundiram devido à expansão urbana. A topografia da região caracteriza-se por duas secções distintas, separadas pela escarpa conhecida como jorf. O maior ksar, Zenaga, situa-se na secção inferior, enquanto os outros cinco ksour e os palmeirais que lhes estão associados se situam na secção superior, a uma altitude de 899 metros acima do nível do mar. Na periferia destas zonas urbanas encontram-se extensos palmeirais, também conhecidos por Extensão (EX) e Aarja (AR), como mostra a Figura 1. Para um levantamento completo do palmeiral, foram cuidadosamente selecionados oito locais diferentes, cada um representando um palmeiral específico

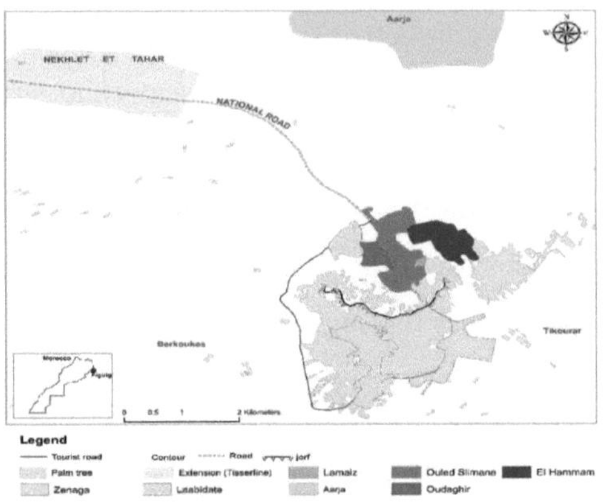

Figura 1: Vista de satélite do oásis de Figuig com indicação dos locais de recolha de amostras

Foram recolhidas amostras de solo em cada local. Foram selecionadas aleatoriamente três parcelas replicadas por local, cada uma cobrindo uma área de 700 m². Em cada parcela, foram cuidadosamente selecionadas sete tamareiras e foram colhidas quatro subamostras de solo à volta de cada árvore, a uma profundidade de 0-30 cm e a uma distância de 50 cm do tronco. Estas subamostras foram combinadas para criar uma amostra composta por parcela, resultando num total de 24 amostras compostas para análise posterior.

3. Análise físico-química dos solos estudados

3.1 pH do solo

A análise do pH do solo foi efectuada de acordo com o método de Eaton et al (2005) [105], utilizando um medidor de pH Biobase China pH-920 calibrado com soluções-tampão padrão para garantir a exatidão. Inicialmente, foi preparado um extrato aquoso de solo misturando 10 de solo peneirado de 2 mm com 50 ml de água destilada. Para assegurar uma homogeneização completa, a suspensão foi agitada durante 30 minutos, permitindo o equilíbrio do pH do solo na suspensão. Após um período de repouso de 15 minutos, o elétrodo de vidro do medidor de pH foi imerso no extrato para medir o pH.

3.2 Teor de fósforo assimilável dos solos

O método de Olsen, utilizado para determinar a presença de fósforo no solo, baseia-se na formação de um complexo entre o ácido ortofosfórico e o ácido molíbdico, tal como descrito por Olsen et al. (1954) [106]. Depois de o fósforo ter sido extraído das amostras de solo, esta reação ocorre na presença de uma solução de bicarbonato de sódio 0,5 M ($NaHCO_3$) a pH 8,5. A reação entre o fósforo presente na amostra e o ácido molíbdico forma um complexo fósforo-molibdato. Este complexo é depois reduzido, dando origem a uma cor azul-celeste caraterística, cuja intensidade é diretamente proporcional à quantidade de fósforo presente na amostra. A densidade ótica (DO) desta solução colorida é medida com um espetrofotómetro regulado para 820 nm para avaliar a concentração de fósforo. Ao converter a intensidade da cor numa concentração mensurável, este método espetrofotométrico fornece uma estimativa exacta do teor de fósforo disponível no solo.

3.3 Teor de matéria orgânica do solo

O método de Walkley e Black (1934) [107], utilizado para medir a quantidade de matéria orgânica (MO) no solo, envolve a oxidação da matéria orgânica num meio ácido, utilizando uma solução de dicromato de potássio. Para este processo, uma amostra de solo de 1 grama é tratada com uma mistura reactiva de dicromato de potássio e ácido sulfúrico concentrado, induzindo a rápida oxidação da matéria orgânica. Após esta reação, é utilizada uma solução de sulfato ferroso amoniacal (0,5 N) para titular o dicromato de potássio não reduzido remanescente. A fórmula para calcular a quantidade de matéria orgânica é a seguinte

$$\%MO = \frac{(Vb - Vs) \times N \times 0.3}{P} \times 100$$

- % OM representa a percentagem de matéria orgânica na amostra de solo.
- Vb é o volume da solução de titulação utilizado para o branco.
- Vs é o volume da solução de titulação utilizada para a amostra de solo.
- N é a normalidade da solução de dicromato de potássio.
- 0,3 é um fator de conversão que corresponde à quantidade de oxigénio consumida por 1 mililitro de solução de dicromato normalizada.
- P é o peso da amostra de solo seco em gramas.

3.4 Teor de potássio dos solos

O método de extração com acetato de amónio 1 M descrito por Mathieu e Pieltain (2003) [108] foi utilizado para avaliar o teor de potássio do solo. Para extrair potássio (K) de forma eficiente, as amostras de solo peneiradas são misturadas com esta solução e agitadas. Para fins agronómicos, a concentração de potássio é medida após filtração, frequentemente sob a forma de óxido de potássio (K2O).

3.5 Determinação da salinidade do solo

Seguindo o método descrito por He et al. (2012) [109], a condutividade eléctrica (CE) de um extrato de água do solo foi medida para determinar a salinidade do solo. Para o efeito, uma amostra de solo é primeiro misturada numa proporção de

1:5 com água destilada. O extrato é filtrado após um período de repouso suficientemente longo para permitir a dissolução dos sais solúveis. Um medidor de condutividade é então utilizado para medir a condutividade eléctrica do extrato.

3.6 Teor de carbonato de cálcio dos solos

O teor de carbonato de cálcio (CaCO3) do solo foi determinado utilizando um calcímetro Bernard, de acordo com a norma francesa NF P 94-048 [110]. Neste método, uma amostra de solo é tratada com um ácido, geralmente ácido clorídrico, no interior do calcímetro. A reação do ácido com os carbonatos do solo gera dióxido de carbono (CO2), cujo volume é medido pelo calcímetro. Este volume de CO2, utilizando relações estequiométricas conhecidas, é então utilizado para calcular o teor de carbonato de cálcio do solo.

3.7 Determinação da textura do solo

De acordo com Ritchey et al. (2015) [111], a textura do solo foi determinada utilizando o método tátil, também conhecido como o "Método do tato", para avaliar a textura do solo (Quadro 2). Esta técnica envolve a manipulação física de uma amostra de solo húmido para determinar a sua classe de textura - areia, silte ou argila. Rolando-a entre os dedos e formando-a em fitas ou bolas, o analista pode avaliar a coesão, a suavidade e a plasticidade da amostra. Os solos arenosos, de natureza granular, não formam fitas, ao passo que os solos argilosos, que se caracterizam por uma elevada plasticidade, podem formar fitas longas. Os solos siltosos situam-se entre estes dois extremos. Embora subjetivo, este método é amplamente reconhecido pela sua utilidade na avaliação rápida das classes de textura do solo no terreno. Permite uma melhor compreensão das propriedades físicas do solo, como a retenção de água, a permeabilidade e a capacidade de suporte.

3.8 Avaliação do número de propágulos infecciosos MAC nos solos estudados

A avaliação do número de propágulos infecciosos de MAC nos diferentes solos baseou-se no método do número mais provável (NMP). Este bioensaio mede a presença ou ausência de propágulos de MAC (através da observação da colonização radicular) numa série de diluições de solo, sendo os resultados interpretados como uma estimativa probabilística do número de propágulos a partir de uma tabela estatística [112]. O procedimento de ensaio começou por secar ao ar as amostras de solo para remover a humidade. As amostras foram então peneiradas para obter uma homogeneidade de tamanho de partícula de 2 mm. Este processo de peneiração preparou o solo para o manuseamento subsequente. Após a peneiração, as amostras de solo foram diluídas com areia previamente esterilizada. A esterilização foi efectuada aquecendo a areia a 180°C durante três horas.

Quadro 2: Teste tátil da textura do solo (método aproximado)

Textura do solo	Solo seco	Solo húmido
Solos arenosos	Os grãos de areia são visíveis a olho nu. A terra escorre entre os dedos como açúcar. O solo é muito granular e abrasivo.	É muito difícil moldar o chão e parte-se quando se toca nele. O chão não se cola aos dedos; é áspero e abrasivo ao toque.
Solos siltosos	O pavimento tem um aspeto pulverulento ou farinhento. O pavimento é macio ao tato.	A terra é muito macia e escorregadia como o sabão. Podes formar uma fita com a terra Enrole-a entre as suas mãos; a fita parte-se se tentar dobrá-la. O chão não é muito pegajoso.
Solos argilosos	O solo é constituído por torrões muito duros e difíceis de desfazer.	O solo é muito pegajoso, liso e brilhante. O solo é muito fácil de moldar; pode formar fitas longas e flexíveis enrolando o solo entre as mãos.
Solos argilosos	O solo é um pouco granuloso. O chão pode ser manuseado cuidadosamente, sem partir os torrões.	O pavimento é um pouco pegajoso e granuloso. Se enrolar a terra entre as mãos, pode formar uma fita, que estala um pouco.

A esterilização foi essencial para evitar a contaminação ou o desenvolvimento de microrganismos que poderiam ter falsificado os resultados do teste. Cada amostra de solo foi submetida a seis diluições distintas, com factores de 1/4, 1/16, 1/64, 1/256 e 1/1024. Cada diluição foi repetida cinco vezes para obter dados estatisticamente significativos e minimizar o erro experimental. Em seguida, foram utilizados frascos de plástico com uma capacidade de 200 ml para conter as amostras de solo diluídas. Cada frasco foi enchido com 100 g de solo diluído, o que representa uma quantidade exacta de solo não esterilizado de cada diluição (Figura 10). O milho (Zea mays L.) foi escolhido como parceiro simbiótico, devido à sua notável dependência micorrízica, à sua taxa de germinação devido ao seu considerável potencial de crescimento, à sua recetividade precoce à colonização micorrízica e à sua prolífica produção de raízes [113]. Para o efeito, as sementes de milho foram submetidas a um procedimento de esterilização superficial, que envolveu a sua imersão numa solução de hipoclorito de sódio a 10% v/v durante 10 minutos. As sementes foram depois cuidadosamente lavadas com água esterilizada para garantir uma esterilização efectiva. Após uma semana, cada plântula foi transplantada para o vaso e cuidadosamente colocada na estufa, com medidas de controlo precisas para manter uma temperatura constante de 25°C e uma humidade de 80%. Após um período de crescimento de 30 dias, as plantas foram retiradas dos seus vasos e seguiu-se um procedimento de preparação das raízes. As raízes foram cuidadosamente lavadas e depois tratadas com KOH a 10% a 90°C durante 15 minutos, seguido de enxaguamento com HCl a 1% durante 10 minutos. Em seguida, foram coradas com tinta azul a 90°C durante 20 minutos, de acordo com o protocolo estabelecido por Phillips e Hayman em 1970 [114]. Esta coloração tornou visíveis as estruturas CMA nas raízes. As raízes foram então cortadas em segmentos de 1 cm e colocadas entre uma lâmina de microscópio e uma lamela para exame microscópico. Diz-se que um sistema radicular está colonizado por CMAs se contiver pelo menos um ponto de infeção, indicando a penetração de hifas na raiz. O número mais provável de propágulos foi determinado utilizando a seguinte fórmula:

$$\log MPN\ (Most\ Probable\ Number) = (x \log a) - K$$

• x representa o número médio de plantas colonizadas por CMAs.

• a é o fator de diluição

• K estão listados nas tabelas publicadas por Fisher et al (1949) [115].

Figura 2: Teste para estimar o potencial infecioso micorrízico dos solos estudados

3.9 Avaliação do número de esporos e identificação das espécies de CMA

Em paralelo com o método NMP, a extração direta de esporos dos solos foi realizada utilizando o método de peneiração por via húmida descrito por Gerdemann et al. (1963) [116]. Este método requer uma série de peneiras progressivamente mais pequenas (500 µm, 250 µm, 100 µm e 40 µm) (Figura 11). O material retido pelos três últimos crivos foi recolhido em tubos Falcon de 50 ml e centrifugado durante 2 minutos a 900 g na presença de uma solução de sacarose a 70%. A solução sobrenadante recolhida no crivo de 40 µm foi cuidadosamente lavada com água da torneira. Os esporos extraídos foram então distribuídos em placas de Petri. Para determinar a quantidade de esporos em cada amostra, foram examinadas cinco amostras de solo sob um estereomicroscópio. O número de esporos por grama de solo foi utilizado para definir o número de esporos encontrados. Além disso, os esporos isolados foram utilizados para identificar as espécies de CMA.

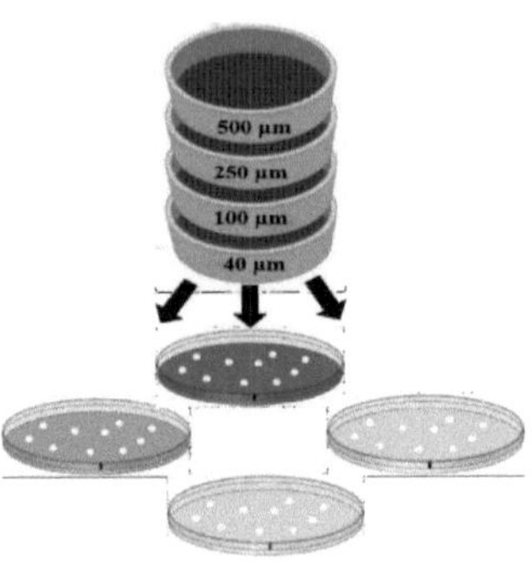

Figura 3: Diagrama do processo de extração de esporos de CMA por peneiração húmida

As caraterísticas morfológicas dos esporos de CMA, incluindo a cor, o tamanho, a forma, o número de paredes, a abundância, as hifas em suspensão e a estrutura interna, foram avaliadas utilizando um estereomicroscópio. Para testar estas caraterísticas, foram utilizadas amostras permanentes criadas com uma solução de álcool polivinílico, ácido lático e glicerol (PVLG), tal como descrito por Koske et al (1983) [117], e uma mistura de PVLG e reagente de Melzer, tal como descrito por Brundrett et al (1994) [118] (Figura 12). As caracterizações morfológicas fornecidas pela CMA Phylogeny [http://www.amf-phylogeny.com] [119] (acedido em 17 de maio de 2023) e a International Culture Collection of Vesicular Arbuscular Mycorrhizal Fungi [https://invam.ku.edu/species-descriptions] [26] (acedido em 17 de maio de 2023) foram utilizadas para identificar os esporos.

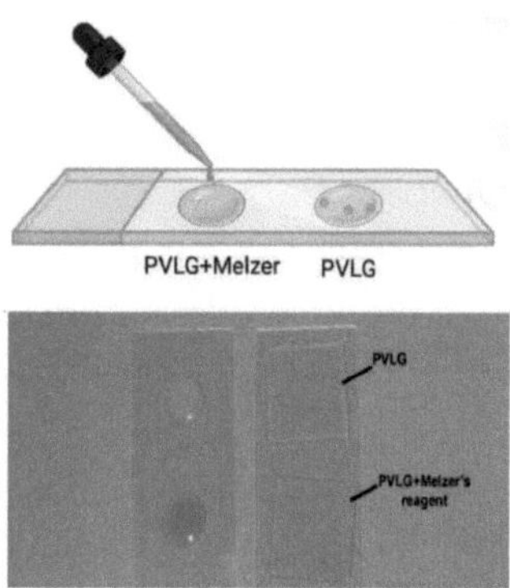

Figura 4: Preparação de lâminas de diagnóstico para identificação de MCA: PVLG com e sem reagente Melzer

3.10 Frequência de micorrização e intensidade de colonização de raízes de milho

Utilizando o método de Koske e Gemma (1989) [120], as raízes de milho colhidas no campo foram avaliadas quanto à colonização das raízes por MAC. Resumidamente, as raízes foram limpas numa solução de hidróxido de potássio (KOH) a 10% a 90°C durante 10 minutos antes de serem coradas a 70°C durante 30 minutos com 2% de tinta azul de Parker (fabricada por Parker Inc., Nova Iorque, NY, EUA) em HCl a 1% preparado a partir de uma solução concentrada a 37%. A taxa de colonização por MACs foi calculada colocando 15 raízes coradas com 1 cm de comprimento em lâminas de vidro e calculando a percentagem de colonização (Figura 13).

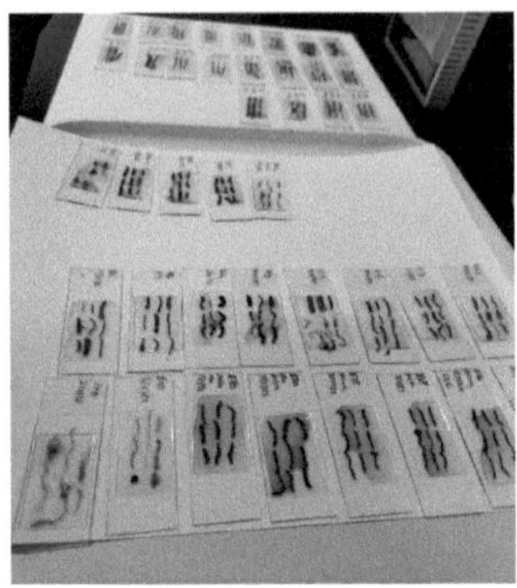

Figura 5: Preparação de secções de raízes de milho para observação microscópica

A taxa de colonização por MAC foi calculada colocando 15 raízes manchadas com 1 cm de comprimento em lâminas de vidro e calculando a percentagem de colonização. A disponibilidade de estruturas MAC (hifas, arbúsculos ou vesículas/esporos) foi determinada através do exame de hifas, arbúsculos e vesículas/esporos em 90 fragmentos de raízes por local. De acordo com Trouvelot et al (1986) [121], a colonização micorrízica do sistema radicular foi classificada numa base de intensidade de (0 a 5). Um valor de 0 indica a ausência de colonização CMA (0%), enquanto uma pontuação de 1 indica a presença de estruturas CMA mínimas (1%). As pontuações de 2, 3, 4 e 5 indicam níveis progressivamente mais elevados de colonização da AMC: 2 (1-10%), 3 (10-50%), 4 (50-90%) e 5 (mais de 90%), respetivamente. O Mycocalc [https://www2.dijon.inrae.fr/mychintec/Mycocalc-prg/download.html][122] (consultado em 12 de abril de 2023) foi utilizado para calcular a intensidade (M%) e a frequência (F%) da colonização da CMA no sistema radicular:

• F% = (número total de fragmentos de raízes micorrízicas/fragmentos de raízes observados) * 100

• M% = (95n5 + 70n4 + 30n3 + 5n2 + n1/total de fragmentos de raízes observados) * 100, em que n5, n4, n3, n2 e n1 representam o número total de fragmentos classificados como 5, 4, 3, 2 e 1, respetivamente.

4. Análise estatística

A intensidade e a frequência da colonização micorrízica, bem como o número de esporos MAC, foram analisados através de avaliações de variância de fator único (ANOVA 1), acompanhadas pelo teste de Tukey ao nível de significância de 0,05. O Q-Q Plot foi utilizado para examinar a normalidade dos resíduos. A correlação entre os parâmetros da simbiose micorrízica e a análise química do solo foi analisada através da correlação de Pearson. Para a análise, foi utilizado o software estatístico SPSS (Versão 21.0.0.0, Edição de 32 bits) (IBM SPSS Inc., Chicago, IL, EUA).

5. Resultados e discussão

5.1 Propriedades físicas e químicas do solo

As propriedades físico-químicas do solo na rizosfera foram cuidadosamente examinadas para determinar a sua influência na distribuição e abundância de fungos micorrízicos arbusculares (FMA). Os resultados da textura do solo foram obtidos utilizando o método Feel. A análise dos dados, apresentados no quadro 3, revela a existência de duas texturas de solo distintas: franco-argilosa arenosa, identificada nos sítios AR e EX, e franco-argilosa, mais difundida nos outros sítios.

Quadro 3: Propriedades físico-químicas das amostras de solo estudadas

Propriedade do sítio/terreno	ZG	OD	LZ	SO	EH	LB	AR	EX
pH	7.8	7.6	7.4	7.7	7.7	7.6	7.7	8.1
SOM (%)	0.4	0.4	1.8	0.9	1	1.7	0.6	0.4
P2O5 (ppm)	20.3	37.4	100	78.6	36.3	72	24.1	23.3
K2O (ppm)	53	193.5	158.3	176	211	158.3	70.4	105.5
CaCO3 T (%)	9.5	18.5	22	21	20	21	8	45
Salinidade (g/kg)	0.1	0.2	0.7	1.1	0.1	0.9	0.3	1.2
Textura	Barro argiloso	Silte argiloso x	Silte argiloso x	Silte argiloso x	Barro argiloso	Barro argiloso	Argila arenosa	Franco - argiloso arenoso

AR (Aarja); EX (Extension); EH (Elhammam); LB (Laabidate); LZ (Lamaiz); OD (Oudaghir); OS (Ouled slimane); ZG (Zenaga).

As propriedades do solo medidas, incluindo os aspectos físicos e químicos, apresentaram ligeiras variações. O pH era ligeiramente alcalino, variando entre 7,4 e 8,1. O solo é predominantemente calcário, com teores de carbonato de cálcio ($CaCO_3$) que variam de 8% a 45%. Em termos de matéria orgânica, as análises revelaram percentagens mais elevadas nos locais LZ e LB, com 1,8% e 1,7%, respetivamente. Por outro lado, os locais ZG, OD e EX registaram os valores mais baixos, com 0,4% (ver Quadro 3). Do mesmo modo, os níveis de fósforo ($P\ O_{25}$) e de hidróxido de potássio (K2O) variaram de local para local. A concentração mais elevada de fósforo foi observada no local LZ, enquanto o local OD registou o valor mais elevado de potássio. Em contrapartida, os valores mais baixos de fósforo e de hidróxido de potássio foram observados no sítio ZG. Em termos de salinidade, todas as amostras apresentaram variações moderadas, entre 0,1 e 1,2 g/kg.

5.2 Número de propágulos infecciosos MAC no solo

Após um mês de cultivo de plantas de milho em diluições em série, o quadro 4 mostra o número de plantas colonizadas por fungos micorrízicos arbusculares (FMA) em diferentes diluições para os locais estudados. É de notar que todas as amostras de solo dos diferentes locais apresentaram um potencial micorrízico de 100% até uma diluição de 1/64. No entanto, de todas as concentrações testadas, apenas os sítios ZG e EX mantiveram este nível de 100% de potencial micorrízico para todas as diluições. Em diluições moderadas a altas (1/256 e 1/1024), as taxas de infeção MAC em amostras de solo de outros locais, incluindo OD, LZ, EH, LB e AR, variaram de 40% a 80%.

5.3 Taxa de colonização das raízes e densidade de esporos

A frequência e a intensidade de micorrização das raízes de Zea mays apresentaram diferenças significativas entre os locais após um mês de cultivo ($p < 0,05$) (Figuras 14 e 15). Os locais ZG e EX destacam-se pela sua elevada frequência de micorrização, atingindo 91% e 93%, respetivamente. Em termos de intensidade de colonização, os sítios ZG e EX apresentam um perfil semelhante. Por outro lado, o sítio LZ registou o valor mais baixo, com percentagens de frequência e intensidade não superiores a 39% e 9%, respetivamente. Nos restantes locais, as frequências variaram entre 50 e 60% e os níveis de intensidade entre 10 e 20%, valores que não foram significativamente diferentes ($p > 0,05$).

Quadro 4: Número de plantas de milho que apresentam vestígios de CMA em diluições sucessivas em solos amostrados nos locais estudados.

Repetir x5						
Local de diluição	1	1/4	1/16	1/64	1/256	1/1024
ZG	5	5	5	5	5	5
OD	5	5	5	5	3	3
LZ	5	5	5	5	3	2
SO	5	5	5	5	5	3
EH	5	5	5	5	4	3
LB	5	5	5	5	3	3
EX	5	5	5	5	5	5
AR	5	5	5	5	4	3

AR (Aarja); EX (Extension); EH (Elhammam); LB (Laabidate); LZ (Lamaiz); OD (Oudaghir); OS (Ouled slimane); ZG (Zenaga).

Em termos de densidade de esporos, os solos dos locais ZG e EX destacaram-se com um número considerável de propágulos micorrízicos, variando de 25 a 28 por grama de solo, uma quantidade significativamente diferente da registada nos outros locais ($p < 0,05$) (Figura 16). Em contrapartida, no local LZ, foram registados apenas 9 propágulos por grama de solo. Os outros locais registaram uma densidade de 11 a 13 propágulos por grama de solo.

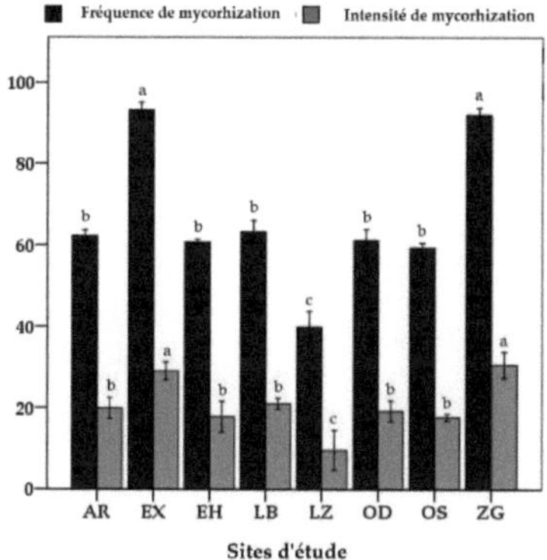

Figura 6: São apresentadas a frequência e a intensidade da colonização micorrízica em raízes de Zea mays de oito locais de estudo. Os locais incluem Aarja (AR); Extension (EX); Elhammam (EH); Laabidate (LB); Lamaiz (LZ); Oudaghir (OD); Ouled Slimane (OS); e Zenaga (ZG). As letras acima das barras indicam diferenças estatisticamente significativas, determinadas pelo teste de Tukey ($p < 0,05$).

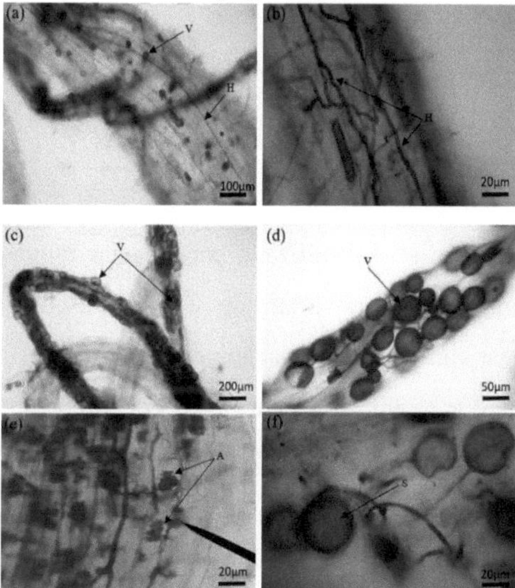

Figura 7: Estrutura da colonização por MAC em plantas armadilha de Zea mays. (a) colonização por hifas e vesículas; (b) colonização apenas por hifas; (c, d) colonização apenas por vesículas; (e) colonização por arbúsculos; (f) esporo intrarradical.

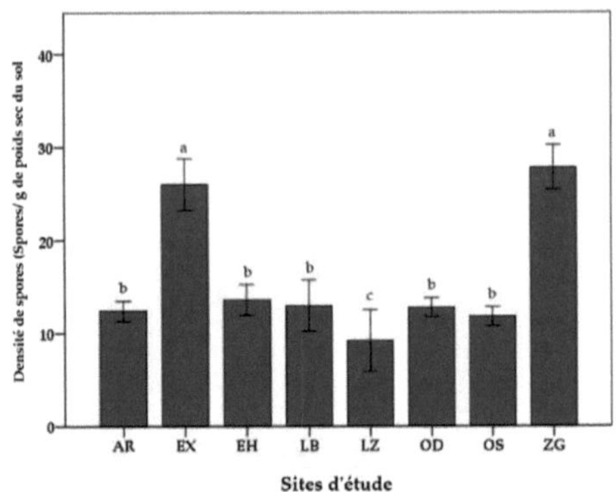

Figura 8: Densidade de esporos em amostras de solo da rizosfera de oito locais de estudo: Aarja (AR), Extensão (EX), Elhammam (EH), Laabidate (LB), Lamaiz (LZ), Oudaghir (OD), Ouled Slimane (OS) e Zenaga (ZG). As letras por cima das barras indicam diferenças significativas de acordo com o teste de Tukey ($p < 0,05$).

5.4 Correlações entre os parâmetros da CMA e as caraterísticas químicas do solo

O coeficiente de Pearson (r) foi utilizado para detetar rapidamente correlações entre variáveis, com valores que variam de -1 a 1. Um coeficiente de -1 indica uma correlação negativa, 1 uma correlação positiva e 0 a ausência de correlação linear. O mapa de calor na Figura 17 ilustra os coeficientes de correlação entre os diferentes parâmetros MAC na rizosfera da tamareira. Estes parâmetros incluem a frequência e a intensidade da colonização micorrízica, a densidade de esporos e as caraterísticas químicas do solo. As análises revelaram associações significativas entre estas variáveis. Em particular, a frequência de colonização micorrízica foi positivamente correlacionada com a intensidade de micorrização e a densidade de esporos, com coeficientes de correlação (r) de +0,931 e +0,923, respetivamente. Em contrapartida, foi negativamente correlacionada com os teores de fósforo (p = 0,005), potássio (p = 0,03) e matéria orgânica (p = 0,04) do solo. O pH do solo foi positivamente associado à frequência micorrízica (p = 0,02) e à densidade de esporos (p = 0,007), enquanto a densidade de esporos mostrou uma correlação negativa com o fósforo (p = 0,006) e o potássio (p = 0,007), mas positiva com o pH (p = 0,006). Finalmente, a intensidade de micorrização foi negativamente correlacionada com os níveis de fósforo (p = 0,007) e potássio (p = 0,008).

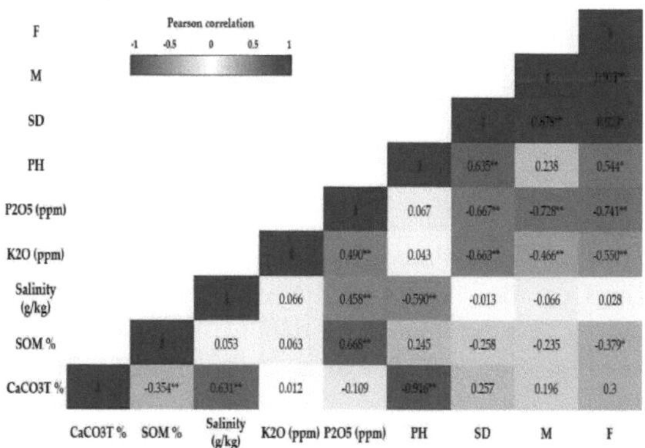

Figura 9: Mapa de calor do coeficiente de correlação de Pearson entre as caraterísticas químicas do solo na rizosfera de Phoenix dactylifera L. e os parâmetros dos fungos micorrízicos arbusculares (FMA). Frequência de micorrização (F), intensidade de micorrização (M), densidade de esporos (SD). Os níveis de significância das correlações são indicados a seguir: '*' para p < 0,05 e '**' para p < 0,01.

5.5 Identificação morfológica das CMAs

As amostras de solo recolhidas na rizosfera do oásis de Figuig permitiram o isolamento e a identificação de esporos micorrízicos. Esta análise revelou a presença de 11 espécies em cinco géneros: Rhizophagus, Funneliformis, Sclerocystis, Scutellospora e Acaulospora, detalhados na Tabela 5 e na Figura

18. Rhizophagus é o género mais dominante, com uma prevalência de 70-90% e uma elevada densidade de esporos, caracterizada por uma parede de várias camadas fundida com a da hifa subjacente (ver Figura 18d,e). Os géneros Scutellospora e Acaulospora constituem entre 10 e 20% das amostras. O género Acaulospora é caracterizado por esporos que se destacam de um sáculo esporífero e se tornam subsequentemente sésseis, representados por uma única espécie, Acaulospora sp. que é raramente observada (ver Figura 18i). Finalmente, Funneliformis sp. e Rhizophagus sp. foram encontrados em proporções semelhantes em todas as amostras.

Quadro 5: Caraterísticas da CMA dos solos estudados

ID	Tamanho	Cor	Parede de exterior	Parede de interior	Hifas de suspensão	Abondância	Forma	Estruturas internas	Número de paredes	Esporos isolados ou num agrupamento
FIG 1	150 µm	Amarelo-castanho	Presente	Presente	Presente	Medíocre	Globular	Gotas lípidos	3	Visitar agrupamento
FIG 2	120 µm	Castanho	Presente	Presente	Presente	Medíocre	Globular	Gotículas de lípidos	2	Apenas
FIG 3	50 µm	Laranja	Presente	Presente	Presente	Elevado	Esférico	Gotas lípidos	2	Apenas
FIG 4	100 µm	Amarelo-castanho	Presente	Ausente	Presente	Medíocre	Subglobular	Gotículas de lípidos	2	Num agrupamento

FIG 5	300 µm	Amarelo alaranjado	Presente	Presente	Ausente	Elevado	Oval	Gotículas de lípidos	3	Num agrupamento
FIG 6	100 µm	Amarelo	Presente	Presente	Presente	Elevado	Subglobular	Gotículas de lípidos	3	Num agrupamento
FIG 7	250 µm	Laranja	Presente	Ausente	Ausente	Raro	Globular	Gotículas de lípidos	2	Apenas
FIG 8	130 µm	Vermelho-castanho	Presente	Presente	Presente	Medíocre	Globular	Gotículas de lípidos	3	Apenas
FIG 9	100 µm	Castanho	Presente	Presente	Presente	Elevado	Oval	Gotículas de lípidos	3	Num agrupamento
FIG 10	120 µm	Amarelo claro	Presente	Presente	Ausente	Medíocre	Globular	Gotículas de lípidos	2	Apenas
FIG 11	270 µm	Amarelo	Presente	Presente	Presente	Medíocre	Subglobular	Gotículas de lípidos	2	Num agrupamento

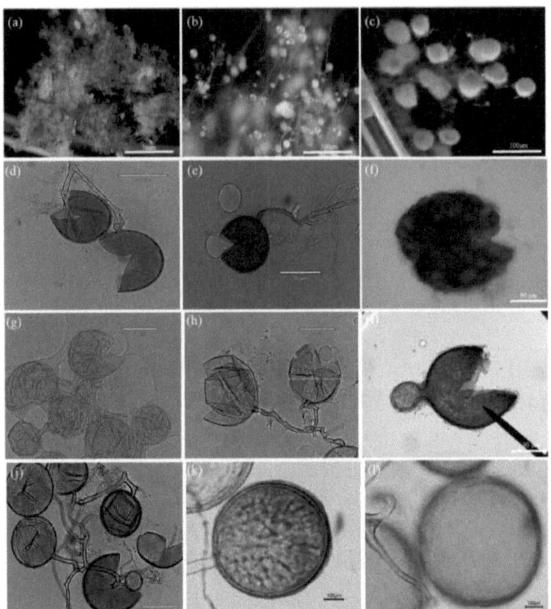

Figura 10: Foram encontrados numerosos esporos de CMA na rizosfera do oásis de Figuig. Glomus sp. de culturas em vaso (a-c); Glomus sp. montado em PVLG/Melzer (d,e); Sclerocystis sp. montado em PVLG/Melzer (f); Glomus sp. montado em PVLG (g,h); Acaulospora sp. montado em PVLG (i); Glomus sp. montado em PVLG (j,k); Scutellospora sp. montado em PVLG (l).

5. Discussão

Este estudo centrou-se na avaliação do potencial micorrízico do solo e na identificação das CMAs na rizosfera das tamareiras no oásis de Figuig. É essencial estudar o estado micorrízico a fim de explorar plenamente os benefícios da simbiose entre as CMAs e as plantas. Confrontadas com o stress abiótico, as plantas utilizam várias estratégias para aumentar a sua tolerância ou para o contornar. Estudos anteriores [123,124] revelaram estratégias específicas que atenuam o impacto negativo do stress no crescimento das plantas. De acordo com Oyediran et al. (2018) [125], as plantas em regiões áridas são capazes de produzir grandes quantidades de açúcares e aminoácidos para suportar o stress ambiental. Além disso, o baixo teor de fósforo dos solos áridos pode favorecer interações simbióticas entre plantas e fungos, aumentando assim a diversidade de esporos de CMA nesses ecossistemas.A análise da correlação entre os parâmetros químicos do solo estudado e os parâmetros da simbiose micorrízica (Figura 17) confirma isso. Marschner e Cakmak (1986) [126] observaram que a presença de certos produtos químicos em concentrações elevadas tende a reduzir a taxa de micorrização. Amijee et al (1989) [127] confirmaram esta tendência para o fósforo, observando que a colonização de raízes por micorrizas é mais elevada em ambientes com baixas concentrações de fósforo e diminui com o aumento da concentração. Mesmo concentrações muito baixas de fósforo têm sido associadas a uma diminuição das taxas de micorrização [124]. Por exemplo, no nosso local de estudo LZ, onde o teor de fósforo é o mais elevado (100 ppm), a frequência e a intensidade da micorrização estão limitadas a cerca de 39% e 9%, respetivamente. Em contrapartida, no local ZG, com um teor de fósforo de 20,3 ppm, a frequência e a intensidade da micorrização atingiram 91,99% e 30,56%, respetivamente. Observações Resultados semelhantes relativos à redução do teor de potássio e de matéria orgânica foram obtidos no sítio ZG. Estes resultados estão de acordo com os registados por Oehl et al. (2010) [128]. Bhat et al. (2014) [129] também demonstraram que a disponibilidade de potássio e fósforo no solo e a colonização de raízes por MACs podem ter uma relação significativa. Foi observada uma correlação positiva significativa entre a frequência de colonização e a densidade de esporos em amostras de solo e o pH dos nossos locais de estudo, que variou entre 7,4 e 8,1. Toh et al. (2018) [130] relataram que o pH do solo na rizosfera afetou significativamente o número de esporos e a taxa de colonização de raízes por MACs, um resultado que está de acordo com nossas descobertas. Vários estudos mostraram uma correlação positiva entre micorrizas e variações no pH do solo [50,51]· Bainard et al. (2014)

[131] descobriram que algumas espécies de micorrizas preferiam solos ácidos, enquanto outros estudos indicam que as variações no pH do solo influenciam significativamente a diversidade das populações de AMC [132]. No entanto, Bainard et al. (2014) [131] também relataram a falta de uma correlação significativa com o pH do solo, sugerindo que a variabilidade nos valores ótimos de pH para diferentes espécies de micorrizas poderia explicar esse resultado. Melo et al. (2017) [133] destacaram essa diversidade, observando uma correlação negativa com o pH para Acaulosporaceae e uma correlação positiva para Glomoide indeterminado. Outros parâmetros do solo, como a salinidade e o teor de calcário total, não mostraram uma correlação significativa, em consonância com as observações de Oehl et al (2010) [128]. Vários géneros de esporos de MAC foram isolados e caracterizados a partir das amostras de solo, como se mostra na Tabela 5 e na Figura 18. A caraterização centrou-se em caraterísticas como a forma dos esporos, a cor dos esporos, o número de camadas de parede e outras estruturas associadas às MAC. A Figura 18 mostra que os fungos micorrízicos isolados do solo pertencem aos géneros Glomus sp., Acaulospora sp., Funneliformis sp., Rhizophagus sp., Sclerocystis sp. e Scutellospora sp., que se encontram habitualmente em habitats áridos e semi-áridos. Chebaane et al (2020) [134] registaram a presença de vários isolados diferentes, incluindo Funneliformis sp. e Rhizoglomus sp. na rizosfera de tamareiras no deserto da Tunísia, uma conclusão semelhante à de Symanczik et al (2014) [135]. Glomus sp. é a mais abundante entre as espécies MAC isoladas de todas as amostras, ilustrando a sua prevalência significativa em ambientes áridos como o oásis de Figuig, o local do nosso estudo.

CONCLUSÃO GERAL

Esta experiência evidenciou a existência e a diversidade de fungos micorrízicos arbusculares (FMA) na rizosfera de solos de tamareira no oásis de Figuig, sublinhando a importância destes resultados. As amostras de solo recolhidas nos locais ZG e EX apresentaram uma percentagem mais elevada de esporos isolados, indicando uma atividade micorrízica significativa nestas áreas específicas. Além disso, foi observada uma correlação negativa entre o teor de fósforo do solo e a presença destes esporos, confirmando que a micorrização é particularmente eficaz em solos pobres em fósforo. Além disso, foi identificada uma correlação positiva entre o pH do solo e a presença de esporos, sugerindo que a acidez ou alcalinidade do solo tem uma influência favorável na proliferação de MAC. Estes resultados confirmam o interesse agronómico das CMA em solos deficientes em nutrientes essenciais, nomeadamente em fósforo. O género Glomus foi o mais abundante nos oito locais estudados, o que evidencia a sua capacidade de adaptação às condições áridas desta região. Em contrapartida, os géneros Sclerocystis e Acaulospora foram identificados em proporções muito baixas, o que sugere uma distribuição mais restrita ou exigências ecológicas particulares. O estudo aprofundado do potencial micorrízico dos solos da rizosfera da tamareira, combinado com a identificação de MCAs, é de importância crucial para a compreensão e gestão de ecossistemas áridos como o oásis de Figuig. Através da sua interação simbiótica com as raízes das plantas, estes fungos melhoram significativamente o crescimento das plantas, optimizando a absorção de nutrientes essenciais, particularmente o fósforo, que é frequentemente limitado nos solos desta região. Neste contexto, o seu papel é fundamental para promover a resiliência das plantas face a constrangimentos ambientais como o stress hídrico, a salinidade e a pobreza dos solos. A capacidade das CMAs de estabelecer uma simbiose eficaz não só melhora o estado nutricional das palmeiras, como também aumenta a sua resistência a agentes patogénicos, como o Fusarium oxysporum, e aumenta a sua tolerância a condições climáticas extremas. Este processo de micorrização contribui, assim, para a estabilidade ecológica dos oásis, onde a agricultura tem de fazer face a uma disponibilidade limitada de água e a solos frequentemente empobrecidos. Os resultados deste estudo também sublinham a importância de preservar e desenvolver a biodiversidade microbiana indígena, como as CMA, uma vez que estes organismos são um recurso natural valioso para o desenvolvimento de práticas agrícolas sustentáveis. Ao promoverem culturas adaptadas às condições locais, estes fungos podem reduzir a utilização de insumos químicos (fertilizantes e pesticidas) e limitar o impacto ecológico das actividades agrícolas. Esta abordagem está em plena conformidade com os princípios da agro-ecologia e da gestão sustentável dos recursos naturais, que visam conciliar a produtividade agrícola com a proteção do ambiente. Os conhecimentos adquiridos com esta investigação abrem novas perspectivas de exploração científica e de inovação agronómica. Incentiva um estudo mais aprofundado da interação entre as CMA e outras plantas da região, levando a uma melhor compreensão da dinâmica da coevolução e dos mecanismos biológicos subjacentes a esta simbiose. A investigação futura poderá também explorar a utilização da CMA como bio-inoculante em programas de reflorestação ou restauração ecológica, ajudando assim a combater a desertificação e a melhorar a segurança alimentar em zonas áridas. Em última análise, este estudo não só oferece vias promissoras para melhorar o cultivo da tamareira, como também estabelece as bases para a gestão racional dos ecossistemas dos oásis. Em última análise, uma melhor compreensão e uma aplicação orientada das simbioses micorrízicas poderão tornar-se alavancas essenciais para a promoção de práticas agrícolas inovadoras e resilientes, preservando simultaneamente o património natural único do oásis de Figuig.

REFERÊNCIAS

1. Verner, D. Tunísia num clima em mudança: Assessment and Actions for Increased Resilience and Development; Publicações do Banco Mundial, 2013; ISBN 0-8213-9857-1.

2. Ghazouani, W.; Marlet, S.; Mekki, I.; Vidal, A. Percepções dos agricultores e abordagem de engenharia na modernização de um sistema de irrigação gerido pela comunidade. Um estudo de caso de um oásis de Nefzawa (Sul da Tunísia). Irrigação e Drenagem **2009**, 58, S285-S296.

3. Hamza, H.; Jemni, M.; Benabderrahim, M.A.; Mrabet, A.; Touil, S.; Othmani, A.; Salah, M.B. Date Palm Status and Perspective in Tunisia. Recursos Genéticos e Utilização da Tamareira: Volume 1: África e Américas **2015**, 193-221.

4. Chao, C.T.; Krueger, R.R. The Date Palm (Phoenix Dactylifera L.): Overview of Biology, Uses, and Cultivation. horts **2007**, 42, 1077-1082, doi:10.21273/HORTSCI.42.5.1077.

5. Sharif, A.; Sanduk, M.; Taleb, H. The Date Palm and Its Role in Reducing Soil Salinity and Global Warming (A tamareira e o seu papel na redução da salinidade do solo e do aquecimento global); 2010; pp. 59-64.

6. Rivera, D.; Obón, C.; Alcaraz, F.; Carreño, E.; Laguna, E.; Amorós, A.; Johnson, D.V.; Díaz, G.; Morte, A. Date Palm Status and Perspective in Spain. Recursos genéticos e utilização da tamareira: Volume 2: Ásia e Europa **2015**, 489-526.

7. Habib, H.M.; Ibrahim, W.H. Qualidade nutricional de 18 variedades de tâmaras. International Journal of Food Sciences and Nutrition **2011**, 62, 544-551, doi:10.3109/09637486.2011.558073.

8. ANDZOA Synthèse Des Résultas de La Convention N° 03/CP/2012 Portant Sur l'étude Recensement, Caractérisation et Cartographie Des Palmeraies; 2019;

9. Killian, C.; Maire, R. Le Bayoud, Maladie Du Dattier; 1930;
10. Hakkou, A.; Bouakka, M. Oasis de Figuig: État Actuel de La Palmeraie et Incidence de La Fusariose Vasculaire. Science et changements planétaires/Sécheresse **2004**, 15, 147-158.
11. Toutain, G.; Louvet, J. Lutte Contre Le Bayoud. IV. Orientações da luta no Marrocos. Al-Awamia **1974**, 53, 114-162.
12. Louvet, J. e; Toutain, G. Recherches Sur Les Fusarioses. VII. Novas observações sobre a fusariose de Palmier Dattier e decisões relativas à luta; 1973.
13. Djerbi, M.; Aouad, L.; Filali, H.; Saaidi, M.; Chtioui, A.; Sedra, M.H.; Allaoui, M.; Hamdaoui, T.; Oubrich, M. Preliminary Results of Selection of High Quality Bayoud Resistant Clones among Natural Date Palm Population in Morocco; 1986; pp. 383-399.
14. Pegna, F.G.; Sacchetti, P.; Canuti, V.; Trapani, S.; Bergesio, C.; Belcari, A.; Zanoni, B.; Meggiolaro, F. Tratamento de irradiação por radiofrequência de datas em uma única camada para controlar Carpophilus Hemipterus. Biosystems Engineering **2017**, 155, 1-11.
15. Abdelilah, M.; Ali, B. Primeira deteção de ataques de larvas de Potosia opaca a Phoenix Dactylifera e Phoenix Canariensis em Marrocos: Foco nas Estratégias de Controlo de Pragas e na Qualidade do Solo dos Palmeirais Prospectados. Jornal de Estudos de Entomologia e Zoologia **2017**, 5, 984-991.
16. Laouane, B.; Meddich, A.; Bechtaoui, N.; Oufdou, K.; Wahbi, S. Efeitos dos fungos micorrízicos arbusculares e da simbiose de rizóbios na tolerância de Medicago Sativa ao stress salino. Gesunde Pflanzen **2019**, 71, 135-146.
17. Meddich, A.; Ait El Mokhtar, M.; Bourzik, W.; Mitsui, T.; Baslam, M.; Hafidi, M. Otimização do crescimento e tolerância da tamareira (Phoenix Dactylifera L.) à seca, salinidade e murcha induzida por Fusarium vascular (Fusarium Oxysporum) pela aplicação de fungos micorrízicos arbusculares (AMF). Biologia da raiz **2018**, 239-258.

18. Raklami, A.; Bechtaoui, N.; Tahiri, A.; Anli, M.; Meddich, A.; Oufdou, K. Uso de rizobactérias e consórcio de micorrizas em campo aberto como estratégia para melhorar a nutrição das culturas, a produtividade e a fertilidade do solo. Fronteiras em Microbiologia **2019**, 10, 1106.
19. Marschner, H.; Dell, B. Nutrient Uptake in Mycorrhizal Symbiosis. Planta e solo
1994, 159, 89-102.
20. Hashem, A.; Alqarawi, A.A.; Radhakrishnan, R.; Al-Arjani, A.-B.F.; Aldehaish, H.A.; Egamberdieva, D.; Abd_Allah, E.F. Os fungos micorrízicos arbusculares regulam o sistema oxidativo, as hormonas e o equilíbrio iónico para desencadear a tolerância ao stress salino em Cucumis Sativus L. Saudi journal of biological sciences **2018**, 25, 1102-1114.
21. Ait-El-Mokhtar, M.; Laouane, R.B.; Anli, M.; Boutasknit, A.; Wahbi, S.; Meddich, A. Utilização de fungos micorrízicos na melhoria da tolerância das plântulas de tamareira (Phoenix Dactylifera L.) ao stress salino. Scientia Horticulturae **2019**, 253, 429-438.
22. Requena, N.; Perez-Solis, E.; Azcón-Aguilar, C.; Jeffries, P.; Barea, J.-M. Management of Indigenous Plant-Microbe Symbioses Aids Restoration of Desertified Ecosystems. Applied and environmental microbiology **2001**, 67, 495-498.
23. Huang, Y.-M.; Zou, Y.-N.; Wu, Q.-S. O alívio do estresse da seca por micorrizas está relacionado ao aumento do efluxo de H2O2 da raiz na laranja trifoliada. Relatórios científicos **2017**, 7, 42335.
24. Estrada, B.; Aroca, R.; Azcón-Aguilar, C.; Barea, J.M.; Ruiz-Lozano, J.M. Importância da inoculação micorrízica arbuscular nativa no halófito Asteriscus Maritimus para o estabelecimento e crescimento bem-sucedidos em condições salinas. Planta e Solo **2013**, 370, 175-185.
25. Smith, S.E.; Read, D.J. Mycorrhizal Symbiosis; Academic press, 2010; ISBN 0-08- 055934-4.

26. Home | INVAM Disponível em linha: https://invam.ku.edu/ (acedido em 14 de dezembro de 2023).
27. Błaszkowski, J. Glomeromycota; Instituto de Botânica W. Szafer, Academia Polaca de Ciências, 2012; ISBN 83-89648-82-2.
28. Walker, C.; Cuenca, G.; Sánchez, F. Scutellospora Spinosissima Sp. Nov., um fungo glomaleano recém-descrito de comunidades vegetais ácidas e com baixo teor de nutrientes na Venezuela. Anais de Botânica **1998**, 82, 721-725.
29. Amf-Phylogeny.Com Disponível em linha: http://www.amf-phylogeny.com/ (acedido em 14 de dezembro de 2023).
30. DEPARTAMENTO PROVINCIAL DE AGRICULTURA (DPA) DE FIGUIG (2009) Stratégies d'intervention de La DPA de Figuig; Ed. Ministère de l'Agriculture; p. 25 p;
31. Chafi, M. Problématique de l'eau Agricole Dans La Palmeraie de Figuig; 2007; pp. 5- 6.
32. TourerN, G. Le Palmier Dattier Culture et Production. Al awamia **1967**.
33. Sedra, M.H. Le Palm Dattier Base de La Mise En Valeur Des Oasis Au Maroc: Techniques Phoénicoles et Création d'oasis; INRA Editions, 2003; ISBN 9981-1994- 3-5.
34. El Hadrami, I.; El Bellaj, M.; El Idrissi, A.; J'Aiti, F.; El Jaafari, S.; Daayf, F. Biotechnologies Végétales et Amélioration Du Palm Dattier (Phoenix Dactylifera L.), Pivot de l'agriculture Oasienne Marocaine. Cahiers Agricultures **1998**, 7, 463-468.
35. Souna, F.; Himri, I.; Benabbas, R.; Fethi, F.; Chaib, C.; Bouakka, M.; Hakkou, A. Avaliação de Trichoderma Harzianum como agente de biocontrolo contra a fusariose vascular da tamareira (Phoenix Dactylifera L.). Jornal Australiano de Ciências Básicas e Aplicadas **2012**, 6, 105-114.
36. Chakroune, K.; Bouakka, M.; Hakkou, A. Incidence de l'aération Sur Le Traitement Par Compostage Des Sous-Produits Du Palm Dattier Contaminés Par Fusarium Oxysporum f. Sp. Albedinis. Revista Canadiana de Microbiologia

2005, 51, 69-77.

37. Toutain, G. Observations on the Spread of an Active Focus of Bayoud Disease in a Plantation of Regularly Spaced Date Palms (Observações sobre a propagação de um foco ativo da doença de Bayoud numa plantação de tamareiras regularmente espaçadas). Awamia **1970**, 155-160.

38. Sedra, M.H. Screening of a Collection of Date Palm Genotypes for Resistance to Bayoud Caused by Fusarium Oxysporum f. Sp. Albedinis. Al Awamia **1995**, 90, 9-18.

39. Saaidi, M. Comportement Au Champ de 32 Cultivars de Palm Dattier Vis-à-Vis Du Bayoud: 25 Années d'observations. Agronomie **1992**, 12, 359-370.

40. Louvet, J.; Bulit, J.; Toutain, G.; Rieuf, P. LE BAYOUD, FUSARIOSE VASCULAIRE DU PALMIER DATTIER SYMPTOMS ET NATURE DT] OS MEIOS DE LUTA CONTRA A DOENÇA: Ë. Al Awamia **1970**, 35, 16l-162.

41. Jilali, A. Impacto das alterações climáticas no aquífero Figuig utilizando um modelo numérico: Oásis do Leste de Marrocos. Jornal de Biologia e Ciências da Terra **2014**, 4, E16-E24.

42. Schilling, J.; Freier, K.P.; Hertig, E.; Scheffran, J. Climate Change, Vulnerability and Adaptation in North Africa with Focus on Morocco. Agriculture, Ecosystems & Environment **2012**, 156, 12-26.

43. Szabolcs, I. Revisão da investigação sobre solos afectados pelo sal. Ciência do Solo **1981**, 131, 63.

44. Hayward, H.E. Plant Growth under Saline Conditions; Unesco, 1952;

45. Dubost, D.; Moguedet, G. La Révolution Hydraulique Dans Les Oasis Impose Une Nouvelle Gestion de l'eau Dans Les Zones Urbaines. Méditerranée **2002**, 99, 15-20.

46. Dubost, D. Pratique de l'irrigation Au Sahara. CIHEAM/IAM **1994**.

47. Ayers, R.S.; Westcot, D.W. Water Quality for Agriculture; Food and Agriculture Organization of the United Nations Rome, 1985; Vol. 29; ISBN 92-5-102263-1.

48. Daoud, Y.; Halitim, A. Irrigation et Salinisation Au Sahara Algérien. Science et changements planétaires/Sécheresse **1994**, 5, 151-160.
49. Les Sols Des Zones Oasiennes En Proie à Une Baisse de Fertilité - Médias24 Disponível online: https://medias24.com/2023/05/31/les-sols-des-zones-oasiennes-en-proie-a-une- baisse-de-fertilite/ (acedido em 21 de dezembro de 2023).
50. La Dégradation Des Sols En France et Dans Le Monde, Une Catastrophe Écologique Ignorée | Planet-Vie Disponível online: https://planet-vie.ens.fr/thematiques/ecologie/gestion-de-l-environnement-pollution/la-degradation- des-sols-en-france-et-dans (acedido em 21 de dezembro de 2023).
51. GLO Francês_Ch9.Pdf.
52. CNRS/Sagascience - Agricultural Management Methods and Influences on Soil Biodiversity Disponível em linha: https://www.cnrs.fr/cw/dossiers/dosbiodiv/index.php?pid=decouv_chapC_p5_d1 &zoo m_id=zoom_d1_2 (acedido em 22 de dezembro de 2023).
53. Fiche-Actu-Oasis-2021.Pdf.
54. GLO Francês_Ch9.Pdf.
55. Claire Horner-Devine, M.; Leibold, M.A.; Smith, V.H.; Bohannan, B.J. Bacterial Diversity Patterns along a Gradient of Primary Productivity. Ecology letters **2003**, 6, 613-622.
56. Curtis, T.P.; Sloan, W.T.; Scannell, J.W. Estimating Prokaryotic Diversity and Its Limits (Estimar a diversidade procariótica e os seus limites). Proceedings of the National Academy of Sciences **2002**, 99, 10494-10499.
57. Leake, J.; Johnson, D.; Donnelly, D.; Muckle, G.; Boddy, L.; Read, D. Networks of Power and Influence: The Role of Mycorrhizal Mycelium in Controlling Plant Growth. Communities and Agroecosystem Functioning. Canadian Journal of Botany **2004**, 82, 1016-1045.
58. Kowalchuk, G.A.; Stephen, J.R. Ammonia-Oxidizing Bacteria: Um modelo para a ecologia microbiana molecular. Annual Reviews in Microbiology **2001**,

55, 485-529.
59. N Högberg, M.; Högberg, P. Extramatrical Ectomycorrhizal Mycelium Contributes One-Third of Microbial Biomass and Produces, Together with Associated Roots, Half the Dissolved Organic Carbon in a Forest Soil. New Phytologist **2002**, 154.
60. Whittaker, R.H. New Concepts of Kingdoms of Organisms: Evolutionary Relations Are Better Represented by New Classifications than by the Traditional Two Kingdoms. Science **1969**, 163, 150-160.
61. Peyret-Guzzon, M.P. Etudes Moléculaires de La Diversité Des Communautés et Populations de Champignons Mycorhiziens à Arbuscules (Glomeromycota). **2014**.
62. Wainright, P.O.; Hinkle, G.; Sogin, M.L.; Stickel, S.K. Origens monofiléticas dos Metazoa: An Evolutionary Link with Fungi. Science **1993**, 260, 340-342.
63. Baldauf, S.L.; Palmer, J.D. Animals and Fungi Are Each Other's Closest Relatives: Congruent Evidence from Multiple Proteins. Proceedings of the National Academy of Sciences **1993**, 90, 11558-11562.
64. Baldauf, S.L. A Search for the Origins of Animals and Fungi: Comparing and Combining Molecular Data. the american naturalist **1999**, 154, 178-188.
65. Latgé, J. Tasting the Fungal Cell Wall (Saborear a parede celular dos fungos). Cellular microbiology **2010**, 12, 863-872.
66. Blackwell, M. The Fungi: 1, 2, 3... 5,1 milhões de espécies? Revista Americana de Botânica **2011**, 98, 426-438.
67. Hibbett, D.S.; Binder, M.; Bischoff, J.F.; Blackwell, M.; Cannon, P.F.; Eriksson, O.E.; Huhndorf, S.; James, T.; Kirk, P.M.; Lücking, R. A Higher-Level Phylogenetic Classification of the Fungi. Mycological research **2007**, 111, 509-547.
68. Ahmadjian, V. O Fotobionte dos Líquenes: O que é que nos pode dizer sobre a sistemática dos líquenes? Bryologist **1993**, 310-313.

69. Van Der Heijden, M.G.; Streitwolf-Engel, R.; Riedl, R.; Siegrist, S.; Neudecker, A.; Ineichen, K.; Boller, T.; Wiemken, A.; Sanders, I.R. The Mycorrhizal Contribution to Plant Productivity, Plant Nutrition and Soil Structure in Experimental Grassland. New phytologist **2006**, 172, 739-752.

70. Brundrett, M.C.; Tedersoo, L. História evolutiva das simbioses micorrízicas e diversidade global de plantas hospedeiras. New Phytologist **2018**, 220, 1108-1115.

71. Redecker, D. Specific PCR Primers to Identify Arbuscular Mycorrhizal Fungi within Colonized Roots (Primers PCR específicos para identificar fungos micorrízicos arbusculares em raízes colonizadas). Mycorrhiza **2000**, 10, 73-80.

72. Schüssler, A.; Walker, C. The Glomeromycota: Uma lista de espécies com novas famílias e novos géneros. The Glomeromycota: Uma lista de espécies com novas famílias e novos géneros **2010**.

73. Redecker, D.; Schüßler, A.; Stockinger, H.; Stürmer, S.L.; Morton, J.B.; Walker, C. Um consenso baseado em evidências para a classificação de fungos micorrízicos arbusculares (Glomeromycota). Mycorrhiza **2013**, 23, 515-531.

74. Parniske, M. Arbuscular Mycorrhiza: A mãe das endossimbioses de raízes de plantas.
Nature Reviews Microbiology **2008**, 6, 763-775.

75. Keymer, A.; Pimprikar, P.; Wewer, V.; Huber, C.; Brands, M.; Bucerius, S.L.; Delaux, P.-M.; Klingl, V.; Röpenack-Lahaye, E. von; Wang, T.L. Lipid Transfer from Plants to Arbuscular Mycorrhiza Fungi. elife **2017**, 6, e29107.

76. SCHÜßLER, A.; Schwarzott, D.; Walker, C. A New Fungal Phylum, the Glomeromycota: Phylogeny and Evolution. Mycological research **2001**, 105, 1413-1421.

77. Oehl, F.; Sieverding, E.; Palenzuela, J.; Ineichen, K.; Da Silva, G.A. Advances in Glomeromycota Taxonomy and Classification. IMA Fungus **2011**, 2, 191-199, doi:10.5598/imafungus.2011.02.02.10.

78. Öpik, M.; Zobel, M.; Cantero, J.J.; Davison, J.; Facelli, J.M.; Hiiesalu, I.;

Jairus, T.; Kalwij, J.M.; Koorem, K.; Leal, M.E.; et al. Global Sampling of Plant Roots Expands the Described Molecular Diversity of Arbuscular Mycorrhizal Fungi. Mycorrhiza **2013**, 23, 411-430, doi: 10.1007/s00572-013-0482-2.

79. Besserer, A.; Puech-Pagès, V.; Kiefer, P.; Gomez-Roldan, V.; Jauneau, A.; Roy, S.; Portais, J.-C.; Roux, C.; Bécard, G.; Séjalon-Delmas, N. Strigolactones Stimulate Arbuscular Mycorrhizal Fungi by Activating Mitochondria. PLoS biology **2006**, 4, e226.

80. Gianinazzi-Pearson, V.; Branzanti, B.; Gianinazzi, S. Melhoria in vitro da germinação de esporos e crescimento inicial de hifas de um fungo micorrízico vesicular-arbuscular por exsudatos de raiz do hospedeiro e flavonóides de plantas. Symbiosis **1989**.

81. Buee, M.; Rossignol, M.; Jauneau, A.; Ranjeva, R.; Bécard, G. The Pre-Symbiotic Growth of Arbuscular Mycorrhizal Fungi Is Induced by a Branching Fator Partially Purified from Plant Root Exudates. Molecular Plant-Microbe Interactions **2000**, 13, 693-698.

82. Delaux, P.; Bécard, G.; Combier, J. NSP 1 é um componente da via de sinalização Myc. New Phytologist **2013**, 199, 59-65.

83. Género, A.; Chabaud, M.; Balzergue, C.; Puech-Pagès, V.; Novero, M.; Rey, T.; Fournier, J.; Rochange, S.; Bécard, G.; Bonfante, P. Oligómeros de quitina de cadeia curta de fungos micorrízicos arbusculares desencadeiam o pico nuclear C A2 + em raízes de Edicago Truncatula M e a sua produção é aumentada pela estrigolactona. New Phytologist **2013**, 198, 190-202.

84. Oláh, B.; Brière, C.; Bécard, G.; Dénarié, J.; Gough, C. Os factores Nod e um fator difusível dos fungos micorrízicos arbusculares estimulam a formação de raízes laterais em Medicago Truncatula através da via de sinalização DMI1/DMI2. The Plant Journal **2005**, 44, 195-207.

85. Sharif, A.O.; Sanduk, M.; Taleb, H.M. A PALMEIRA-DATA E O SEU PAPEL NA REDUÇÃO DA SALINIDADE DO SOLO E DO AQUECIMENTO GLOBAL. Ata Hortic. **2010**, 59-64,

doi:10.17660/ActaHortic.2010.882.5.

86. Rivera, D.; Obón, C.; Alcaraz, F.; Carreño, E.; Laguna, E.; Amorós, A.; Johnson, D.V.; Díaz, G.; Morte, A. Date Palm Status and Perspective in Spain. Em Date Palm Genetic Resources and Utilization; Al-Khayri, J.M., Jain, S.M., Johnson, D.V., Eds; Springer Netherlands: Dordrecht, 2015; pp. 489-526 ISBN 978-94-017-9706-1.

87. Ghazouani, W.; Marlet, S.; Mekki, I.; Vidal, A. Percepções dos agricultores e abordagem de engenharia na modernização de um sistema de irrigação gerido pela comunidade. Um estudo de caso de um oásis de Nefzawa (Sul da Tunísia). Irrig. and Drain. **2009**, 58, S285-S296, doi:10.1002/ird.528.

88. Hamed, Y.; Hadji, R.; Redhaounia, B.; Zighmi, K.; Bâali, F.; El Gayar, A. Climate Impact on Surface and Groundwater in North Africa: A Global Synthesis of Findings and Recommendations [Uma síntese global de resultados e recomendações]. Euro-Mediterr J Environ Integr **2018**, 3, 25, doi: 10.1007/s41207-018-0067-8.

89. Haj-Amor, Z.; Tóth, T.; Ibrahimi, M.-K.; Bouri, S. Efeitos da irrigação excessiva da tamareira na salinização do solo, propriedades das águas subterrâneas rasas e uso da água em um oásis do Saara. Environ Earth Sci **2017**, 76, 590, doi:10.1007/s12665-017-6935-8.

90. Hachicha, M.; Ben Aissa, I. Gestão da Salinidade nos Oásis da Tunísia. Jornal de Ciências da Vida **2014**, 8, 775-782.

91. Zeddouk, M. La Problématique Du Développement Agricole Dans Le Milieu Oasien: Cas Du Tafilalet. In Proceedings of the Actes du Symposium International sur le Développement Durable des Systèmes Oasiens du; 2005; Vol. 8, pp. 635-645.

92. BOUAMMAR, B. Le Développement Agricole Dans Les Régions Sahariennes Etude de Cas de La Région de Ouargla et de La Région de Biskra (2006-2008), 2010.

93. Abohatem, M.; Zouine, J.; El Hadrami, I. Baixas concentrações de BAP e

alta taxa de subculturas melhoram o estabelecimento e a multiplicação de embriões somáticos em culturas de suspensão de tamareira, limitando o escurecimento oxidativo associado a altos níveis de fenóis totais e atividades de peroxidase. Scientia Horticulturae **2011**, 130, 344-348, doi:10.1016/j.scienta.2011.06.045.

94. Newsham, K.K.; Fitter, A.H.; Watkinson, A.R. Arbuscular Mycorrhiza Protect an Annual Grass from Root Pathogenic Fungi in the Field. Journal of ecology **1995**, 991- 1000.

95. Smith, S.E.; Jakobsen, I.; Grønlund, M.; Smith, F.A. Roles of Arbuscular Mycorrhizas in Plant Phosphorus Nutrition: As interações entre as vias de absorção de fósforo nas raízes micorrízicas arbusculares têm implicações importantes para a compreensão e manipulação da aquisição de fósforo pelas plantas. Fisiologia Vegetal **2011**, 156, 1050-1057.

96. Augé, R.M. Water Relations, Drought and Vesicular-Arbuscular Mycorrhizal Symbiosis (Relações hídricas, seca e simbiose micorrízica vesicular-arbuscular). Mycorrhiza **2001**, 11, 3-42.

97. Neumann, E.; George, E. Colonização com o Fungo Micorrízico Arbuscular Glomus Mosseae (Nicol. & Gerd.) Melhorou a absorção de fósforo do solo seco em Sorghum Bicolor (L.). Plant and Soil **2004**, 261, 245-255.

98. Rillig, M.C.; Mummey, D.L. Mycorrhizas and Soil Structure. New phytologist **2006**,171, 41-53.

99. Cui, M.; Nobel, P.S. Nutrient Status, Water Uptake and Gas Exchange for Three Desert Succulents Infected with Mycorrhizal Fungi. New Phytologist **1992**, 122, 643-649.

100. Meddich, A.; Jaiti, F.; Bourzik, W.; El Asli, A.; Hafidi, M. Utilização de fungos micorrízicos como estratégia para melhorar a tolerância à seca na tamareira (Phoenix Dactylifera). Scientia Horticulturae **2015**, 192, 468-474.

101. Duponnois, R.; Ramanankierana, H.; Hafidi, M.; Baohanta, R.; Baudoin, E.; Thioulouse, J.; Sanguin, H.; Ba, A.; Galiana, A.; Bally, R. Recursos vegetais

nativos para otimizar o desempenho da reabilitação florestal em ambiente mediterrânico e tropical: Alguns exemplos de espécies de plantas de enfermagem que melhoram o potencial micorrízico do solo. Comptes Rendus Biologies **2013**, 336, 265-272.

102. Marulanda, A.; Porcel, R.; Barea, J.M.; Azcón, R. Tolerância à seca e actividades antioxidantes em plantas de alfazema colonizadas por espécies de Glomus nativas tolerantes à seca ou sensíveis à seca. Microbial ecology **2007**, 54, 543-552.

103. Lekberg, Y.; Koide, R.T.; Rohr, J.R.; ALDRICH-WOLFE, L.; Morton, J.B. Role of Niche Restrictions and Dispersal in the Composition of Arbuscular Mycorrhizal Fungal Communities. Journal of Ecology **2007**, 95, 95-105.

104. Antunes, P.M.; Koch, A.M.; Morton, J.B.; Rillig, M.C.; Klironomos, J.N. Evidence for Functional Divergence in Arbuscular Mycorrhizal Fungi from Contrasting Climatic Origins. New Phytologist **2011**, 189, 507-514, doi:10.1111/j.1469-8137.2010.03480.x.

105. Eaton, A.D.; Franson, M.A.H.; Clesceri, L.S.; Rice, E.W.; Greenberg, A.E. Standard Methods for the Examination of Water & Wastewater. Em Standard methods for the examination of water & wastewater; 2005; p. 1. v-1. v.

106. Olsen, S.R. Estimation of Available Phosphorus in Soils by Extraction with Sodium Bicarbonate; US Department of Agriculture, 1954;

107. Mathieu, C.; Pieltain, F.; Jeanroy, E. Analyse Chimique Des Sols: Méthodes Choisies; Tec & doc, 2003; ISBN 2-7430-0620-X.

108. Mathieu, C.; Pieltain, F. Análise química do solo: Métodos escolhidos. Análise química do solo: métodos selecionados. **2003**.

109. He, Y.; DeSutter, T.; Prunty, L.; Hopkins, D.; Jia, X.; Wysocki, D.A. Avaliação de Métodos de Condutividade Eléctrica de Extração de Solo para Água 1:5. Geoderma **2012**, 185-186, 12- 17, doi:10.1016/j.geoderma.2012.03.022.

110. NF P94-048 Solos: Investigação e Ensaios - Determinação do Teor de

Carbonatos - Método do Calcímetro 2002.
111. Ritchey, E.L.; McGrath, J.M.; Gehring, D. Determinação da textura do solo através do tato. **2015**.
112. Plenchette, C.; Perrin, R.; Duvert, P. The Concept of Soil Infectivity and a Method for Its Determination as Applied to Endomycorrhizas. Canadian Journal of Botany **1989**, 67, 112-115.
113. Liu, R.; Wang, F. Seleção de plantas hospedeiras adequadas utilizadas na cultura de armadilhas de fungos micorrízicos arbusculares. Mycorrhiza **2003**, 13, 123-127.
114. Phillips, J.M.; Hayman, D.S. Improved Procedures for Clearing Roots and Staining Parasitic and Vesicular-Arbuscular Mycorrhizal Fungi for Rapid Assessment of Infection. Transactions of the British Mycological Society **1970**, 55, 158-IN18, doi:10.1016/S0007-1536(70)80110-3.
115. Fisher, R.A.; Yates, F. Statistical Tables for Research Workers. Oliver and Boyd: Londres**, 1949**.
116. Gerdemann, J.W.; Nicolson, T.H. Spores of Mycorrhizal Endogone Species Extracted from Soil by Wet Sieving and Decanting. Transactions of the British Mycological Society **1963**, 46, 235-244, doi:10.1016/S0007-1536(63)80079-0.
117. Koskey, R.E. Um meio de montagem de lâminas conveniente e permanente. Boletim Informativo Mycol. Soc. Amer. **1983**, 34, 59.
118. Brundrett, M. Practical Methods in Mycorrhiza Research: Based on a Workshop Organized in Conjunction with the Ninth North American Conference on Mycorrhizae, University of Guelph, Guelph, Ontario, Canada (No Title) **1994**.
119. Http://Www.Amf-Phylogeny.Com/.
120. Koske, R.E.; Gemma, J.N. A Modified Procedure for Staining Roots to Detect VA Mycorrhizas. Mycological Research **1989**, 92, 486-488, doi:10.1016/S0953-7562(89)80195-9.

121. Trouvelot, A. Medida da taxa de micorrização de um sistema radicular. Pesquisa de Métodos de Estimativa com uma Significação Funcional. Physiological and genetical aspects of mycorrhizae **1986**, 217-221.Introdução Disponível online: https://www2.dijon.inrae.fr/mychintec/Mycocalc-prg/download.html (acedido em 26 de dezembro de 2023).

122. Evelin, H.; Kapoor, R.; Giri, B. Arbuscular Mycorrhizal Fungi in Alleviation of Salt Stress: A Review. Annals of botany **2009**, 104, 1263-1280.

123. Saharan, B.S.; Nehra, V. Rhizobacteria promotora do crescimento das plantas: Uma revisão crítica. Life Sci Med Res **2011**, 21, 30.

124. Oyediran, O.K.; Kumar, A.G.; Neelam, J. Fungos micorrízicos arbusculares associados à rizosfera do tomate cultivado em regiões áridas e semi-áridas do deserto indiano. Jornal Asiático de Pesquisa Agrícola **2018**, 12, 10-18.

125. Marschner, H.; Cakmak, I. Mecanismo da deficiência de zinco induzida por fósforo no algodão. II. Evidência de controlo deficiente da captação e translocação de fósforo sob deficiência de zinco. Physiologia plantarum **1986**, 68, 491-496.

126. KAPOOR, R.; GIRI, B.; MUKERJI, K. Ocorrência de Micorriza Arbuscular Vesicular. Técnicas em Estudos Micorrízicos **2013**, 51.

127. Oehl, F.; Laczko, E.; Bogenrieder, A.; Stahr, K.; Bösch, R.; van der Heijden, M.; Sieverding, E. Soil Type and Land Use Intensity Determine the Composition of Arbuscular Mycorrhizal Fungal Communities. Soil Biology and Biochemistry **2010**, 42, 724-738.

128. BHAT, B.A.; SHEIKH, M.A.; TIWARI, A. J Presearch ARTICLE. Revista Internacional de Ciências Vegetais **2014**, 9, 1-6.

129. Toh, S.; Lihan, S.; Yong, C.; Tiang, B.; Rakiya, A.; Edward, R. Isolamento e caraterização de esporos de fungos micorrízicos arbusculares (AM) de raízes de plantas selecionadas e do seu ambiente de solo da rizosfera. Jornal de Microbiologia da Malásia **2018**, 14, 335-343.

130. Bainard, L.D.; Bainard, J.D.; Hamel, C.; Gan, Y. A estruturação espacial e temporal das comunidades micorrízicas arbusculares é diferentemente influenciada por fatores abióticos e cultura hospedeira em um agroecossistema de pradaria semi-árida. FEMS Microbiologia Ecologia **2014**, 88, 333-344.
131. Mosbah, M.; Philippe, D.L.; Mohamed, M. Identificação molecular de esporos de fungos micorrízicos arbusculares associados à rizosfera de Retama Raetam na Tunísia. Ciência do Solo e Nutrição de Plantas **2018**, 64, 335-341.
132. Melo, C.D.; Luna, S.; Krüger, C.; Walker, C.; Mendonça, D.; Fonseca, H.M.; Jaizme- Vega, M.; da Câmara Machado, A. Composição da Comunidade de Fungos Micorrízicos Arbusculares Associados a Juniperus Brevifolia em Floresta Nativa Açoriana. Ata Oecologica **2017**, 79, 48-61.
133. Chebaane, A.; Symanczik, S.; Oehl, F.; Azri, R.; Gargouri, M.; Mäder, P.; Mliki, A.; Fki, L. Fungos micorrízicos arbusculares associados a Phoenix Dactylifera L. cultivados em oásis do Saara tunisino de diferentes níveis de salinidade. Symbiosis **2020**, 81, 173-186.
134. Symanczik, S.; Błaszkowski, J.; Koegel, S.; Boller, T.; Wiemken, A.; Al-Yahya'Ei, M.N. Isolamento e identificação de fungos micorrízicos arbusculares habituais do deserto recém-relatados na Península Arábica. Journal of Arid Land **2014**, 6, 488-497.

Printed by Books on Demand GmbH, Norderstedt / Germany